KB243742

Eddy's Cafe

Edward Kwon
Eddy's Cafe

에 드 워 드 권　에 디 스 카 페

북하우스

"너 미쳤구나?"

두바이 생활을 정리하고 한국으로 돌아가겠다는 생각을 말하자마자 지인이 던진 첫마디였다. 알고 지내던 고위 관료 분도 해외에 내세울 수 있는 셰프 한 명은 있어야 하지 않겠냐며 다시 생각해보라고 조언하셨다.

『일곱 개의 별을 요리하다』에서 난 약속했었다. 언젠가는 한국에 돌아와서 대중들이 쉽게 드나들 수 있는 레스토랑을 내겠다고. 그때 모두들 그게 실현가능한 일이겠느냐며 갸우뚱했었다. 7성급 호텔의 수석총괄조리장이라는 프리미엄이 있는데 왜 그걸 마다하냐며 의심의 눈초리를 보냈었다.

2년이 흘러 한국으로 돌아왔다. 백화점 푸드 코트, 조그마한 곳에 내 이름을 내건 첫 번째 레스토랑 에디스 카페Eddy's Cafe를 열었다. 내가 한 약속을 믿고 기다려준 사람들에 대한 답이었다. 그리고 그 약속에 격려를 보내듯 수많은 사람들이 나의 작은 레스토랑을 찾아주셨다. 이 자리를 빌려 그분들께 진심으로 감사드린다.

처음 레스토랑을 열겠다고 했을 때, 그 작고 초라한 레스토랑에 보내던 사람들의 시선 때문에 나보다 더 힘들었던 사람은 최고급 호텔에서 일했던 우리 직원들이었을 것이다. 고급 서양요리의 대중화라는 내 생각을 공유하기에는 그들 또한 에드워드 권에 대한 기대치가 너무 컸을 것이다. 매일 아침 9시면 백화점에 나와 레스토랑을 체크하는 내 모습을 상상하기 힘들었을 것이다. 그렇게 1년, 백화점 푸드 코트에서 마음을 다잡으며 서로에게 파이팅을 외치던 시간들이 지났다. 힘든 시간을 보낸 동료들은 오늘도 이른 아침부터 유니폼 깃을 여미며 새로운 하루를 시작한다.

에디스 카페는 3개월에 한 번씩 메뉴 전체를 바꾼다.

2009년 9월, 에디스 카페가 오픈하자마자 이것이 우리 레스토랑의 원칙이라고 직원들에게 얘기했을 때 모두가 현실성이 없다고 했다. 손님들이 좋아하는 메뉴는 그대로 남겨두고 팔리지 않는 메뉴를 바꾸는 것이 레스토랑을 운영하는 제1원칙이라고 말하는 이들도 있었다. 하지만 나는 지금껏 이 약속을 지키고 있다. 이건 손님을 위한 일이기도 하지만, 나를 위한 일이기도 하기 때문이다. 호텔 조리장으로 있으면서도 매너리즘에 빠지지 않기 위해서 한군데서 2년 이상을 일하지 않는다는 원칙을 세웠던 것처럼 레스토랑도 마찬가지였다. 익숙해지면 나태해지고 나태해지면 분위기는 느슨해진다. 나는 원칙을 그대로 밀고 나가기로 했다.

합리적인 가격과 빠른 음식 서비스를 기본으로 하는 곳. 주위에서 손쉽게 구할 수 있는 식재료를 계절에 맞는 스타일과 다양한 조리기법으로 접근하는 곳. 3개월마다 셰프의 다른 음식을 만날 수 있는 곳. 누구나 쉽게 드나들며 좋은 식재료로 맛있는 음식을 즐길 수 있는 곳. 이곳을 통해 더 많은 사람들이 서양요리에 한 발자국 다가섰으면 한다.

에디스 카페에 와서 서양요리에 대한 걸음마를 뗐다면 그다음에는 직립보행을 할 수 있을 것이고, 그렇다면 레스토랑의 이름이나 셰프의 출신학교로 가격을 지불하는 것이 아닌 식재료의 배합과 맛으로 레스토랑을 평가할 수 있게 될 것이다. 난 그때를 위해 노력할 것이다.

에드워드 권과 에디스 카페는 아직 부족하고 모자라다. 모자란 만큼 가능성이 크다는 것을 알기에 지금을 긍정하며 앞으로 나아갈 것이다. 지금껏 지켜봐주셨던 것처럼 앞으로도 지켜봐주시길 마음속으로 바라본다.

책이 출간되기까지 많은 도움을 준 사진작가 이과용 실장과 출판사 분들 그리고 나의 가장 소중한 동료이자 든든한 후원자인 클로에, 콜린, 체이스, 미보, 미주, 세라, 종환, 유경, 태준, 효주, 윤미, 정연, 효선, 진희, 동현, 옥민, 데런, 차드, 진영, 승훈, 성진, 윤수, 수현, 혜린, 진희, 석우, 세희, 한춘, 현민, 건욱님에게 진심으로 감사를 전한다.

contents

SOUP

fishermans wharf style creamy clam, salt cod fennel chowder, thyme essence
대구와 펜넬을 넣은 조개 차우더와 타임 에센스 • 94

petit vegetables, tomato broth, smoked pork bacon, broad beans
훈제한 베이컨과 흰콩이 어우러진 토마토 육수 그리고 야채들 • 98

mushroom veloute, red onion pickle, eggplant caviar
버섯 벨루테, 적양파 피클과 가지 캐비어 • 102

SANDWICH

rosemary roasted chicken, caesar salad
로즈마리 향 가득한 닭가슴살 구이와 시저 샐러드 샌드위치 • 104

buffallo mozzarella, roasted fig, arugula, cherry tomato
버팔로 모차렐라 치즈와 구운 무화과, 아루굴라, 체리 토마토를 곁들인 샌드위치 • 106

meat loaf, crispy bacon, iceberg lettuce, heirloom tomato jam
와규 미트 로프와 바삭한 베이컨, 양상추 그리고 토마토 잼 • 110

MAIN

house roasted chicken, pine nuts, raisins, mustard greens, scallions
팬에 구운 닭고기와 잣, 건포도, 빨간 겨자잎과 실파 • 112

penne pasta, braised pork bacon, roasted tomato & aubergine sauce
통삼겹 베이컨과 토마토 가지 소스가 어우러진 펜네 파스타 • 116

pacific seafood chioppino, orange scented fennel
해산물 치오피노 스튜와 오렌지 향의 펜넬 • 120

DESSERT

exotic fruit sabayon
과일 사바용 • 124

SEASON 2

SANDWICH

MAIN

DESSERT

SEAS^ON 3

tuna niçoise salad
참치 니수아 샐러드 • 196

premium norwegian salmon 'gravlax', low fat yoghurt, fresh dill, crispy capers, onions, watercress
그라브락스와 저지방 요거트, 바삭한 양파와 케이퍼, 물냉이 • 198

beef steak & plum tomato, buffalo mozzarella, cucumber, red onion, olive oil dressing, basil
토마토와 모차렐라, 오이와 적양파 샐러드와 바질 • 200

tangerine veloute with butter poached shrimp
버터에 익힌 새우와 감귤 벨루테 • 204

New England chowder with corn kernel, cockles, bay scallop, spring onion
옥수수와 조개, 관자가 어우러진 뉴잉글랜드 차우더 • 208

일러두기
- 이 책에 나오는 레시피는 4인 기준입니다.
- 이 책에 쓰이는 외래어의 대부분은 국립국어원의 외래어 표기법을 따랐으나,
  관용적으로 사용되는 일부 용어는 현장에서 쓰이는 표기를 따랐습니다.

EDWARD KWON
eddy's cafe

요. 리. 사.

당신은 오늘도 어김없이 새벽 공기를 가르며 당신의 주방으로 들어선다.
하얀 셰프복을 입고 앞치마를 두르며 열정을 불태울 준비를 한다.
첫 번째 손님의 주문이 들어오면 이제 당신을 위한 시간이 시작된다.
1초 단위로 달라지는 맛을 눈과 코와 손끝으로 느끼며 당신만의 작품을 만들어간다.

이제 당신의 땀과 열정을 평가받을 시간이다.
즐겨라. 몸서리치도록 짜릿한 이 스릴을.
순간순간 숨 막히는 이 스릴이 당신을 강하게 할 것이다.

당신은 할 수 있다.
당신은 예술을 창조하는 요. 리. 사. 다.

Infinitely yours,
SEOUL
www.SEOUL.GO.kr
EDWARD KWON
EDWARD KWON

캐주얼 레스토랑
'에디스 카페'

샘프란시스코에 가면 세계적으로 유명한 카페 레스토랑 '주니 카페Zuni Cafe'가 있다. 나무 도마 위에 멜론 한 조각 썰어 올린 후, 올리브 오일 뿌리고 세라뇨 햄 몇 쪽 썰어주는 게 고작인 곳이다. 하지만 그곳의 셰프는 매일 아침 시장에 가서 직접 재료를 고른 후 그것으로 그날의 메뉴를 만든다.

8,500원 버섯크림 수프에 7만 원짜리 송로버섯 오일을 뿌려주는 나의 작은 레스토랑 '에디스 카페'.

에디스 카페는 좋은 식재료를 통해 주재료의 맛을 충분히 느끼게 하는 곳이다. 신선하고 고급스런 서양요리를 누구나 부담 없이 즐길 수 있는 곳이다. 그것이 에디스 카페의 흔들리지 않는 원칙이다. 그리고 에드워드 권의 약속이다.

Pizza & Pasta

벼랑 끝으로 몰아라

에디스 카페의 직원은 2주간의 교육 후 바로 실전에 투입된다. 일주일쯤 지나면 몸으로 주방을 익히고 손끝으로 레시피를 익혀 자연스럽게 메뉴를 만들어내기 시작한다. 다른 레스토랑에 비해서 빠르게 적응하는 것이다.

밀릴 수 있을 때까지 밀려라. 갈 수 있는 데까지 가봐라. 나는 그들을 육체와 정신의 한계상황까지 몰아친다. 벼랑 끝으로 압박한다. 더 이상 버틸 수 없게 되는 그 순간, 보이지 않는 힘이 작용한다고 난 믿는다. 그리고 그 힘을 경험하고 일어선 자만이 에디스 카페의 일원이 된다. 오늘도 난 흔쾌히 악역을 맡는다.

손님은 왕이 아니다

오전 10시 반. 하루가 시작된다. 오늘도 어김없이 밀려드는 손님들의 눈빛에는 온갖 기대와 요구가 담겨 있다. 우리는 자신 있게 준비한 오늘의 요리와 서비스로 손님들을 맞는다.

손님은 군림하는 왕이 아니다. 요리를 통해 당신의 세계를 경험하고 교감하는 동반자다. 그러니 절대로 끌려가지 마라. 당신의 세계로 끌어들여 새로움과 감동을 경험하게 하라. 그리고 그 기쁨을 함께 나누어라. 손님이 원하는 것이 바로 그것이다.

눈은 제2의 미각이다

마지막으로 접시를 점검한다. 윤기, 향, 담음새. 간혹 모든 것들이 다 괜찮은데도 접시를 주방으로 되돌리고 싶을 때가 있다. 그럴 때 나는 주저함 없이 다시 만들라고 한다.

유난히 메이크업이 마음에 들지 않거나 헤어스타일이 미묘하게 거슬리는 날이 있을 것이다. 남들은 모를지라도 나이기 때문에 느끼는 것이 있다. 요리도 마찬가지다. 요리사가 봤을 때 아니라고 생각되면 접시를 내보내선 안 된다. 요리는 요리사의 얼굴이기 때문이다.

손님은 파도와 같다

손님은 밀물처럼 한꺼번에 들어왔다가 썰물처럼 빠지는 파도와 같다. 바다 수영의 노하우는 밀물과 썰물의 리듬을 타는 것에 있다. 그것을 아는 자만이 바다 수영을 즐길 수 있다.

50석 규모의 레스토랑에서 하루 800여 명의 손님을 불과 마주선 채 온몸으로 대해야 하는 것. 그것은 1분 1초라도 다른 생각을 할 수 없을 만큼 긴박하다.

하루에도 몇 번씩 정신없이 몰아치는 밀물과 썰물의 시간들.

그 리듬을 즐겨라. 그렇지 않으면 당신은 그 썰물에 쓸려 나가 바다에서 표류하게 될 것이다.

셰프가 되고 싶은가

함께 일할 사람을 구한다고 했다. 1,000명에 가까운 사람들이 지원을 했다. 경력은 없지만 열정을 다 바쳐 함께 일하고 싶다는 지원자들도 있었다. 나는 그 열정에 기꺼이 손을 내밀었다. 첫날 점심시간이 지난 후 누군가 조리복을 벗고 사라졌다. 이틀째 되는 날 아무 말 없이 출근하지 않은 사람이 있었다. 3일을 못 버티고 나가는 이들이 많았다.

열정만으로 자신을 증명할 수는 없다. 인내하고 노력하지 않는 열정은 쉽게 휘발된다. 육체적으로 뒷받침이 되지 않는 열정은 비등점을 갖지 못하는 물과 같다. 열정 하나만 믿어달라는 말이 갖는 무책임을 난 알고 있다. 열정만으로는 자신을 증명할 수 없다.

Good Cook이 될 것인가
Good Chef가 될 것인가

요리사가 요리를 잘하는 것은 기본이다. 언어, 화술, 순발력, 인력관리, 재무와 회계 지식, 전체를 조율하며 부분을 섬세하게 살피는 매니지먼트 능력. 이것이 모여 전체 레스토랑의 하모니를 이룬다.

당신은 어떤 요리사가 되고 싶은가. 맛으로 승부하는 굿 쿡으로 만족할 것인가. 아니면 요리라는 종합예술의 퍼포먼스를 선사하는 굿 셰프가 되고 싶은가. 악기의 연주자가 될 것인가. 오케스트라의 지휘자가 될 것인가. 결정은 당신의 몫이다.

Infinitely yours
SEOUL
EDWARD KIM

나 자신에 대한 실험이다

레시피를 공개한다고 했을 때 사람들은 왜 굳이 자신만의 비법을 공개하려 하냐고 물었다. 이곳저곳에서 에드워드 권의 레시피를 본뜬 음식들이 생길 것이라는 걱정도 해주었다. 하지만 나는 레시피를 공개하는 것이 내가 가진 비법을 알려주는 것이라고 생각하지 않는다.

레시피는 셰프가 알고 있는 소스를 공개하거나 셰프만의 숨겨진 요리비법을 보여주는 것이 아니다. 레시피는 셰프가 식재료를 다루는 방식을 보여주는 것이다. 에디스 카페의 재료는 채 50가지가 되지 않는다. 내 목표는 이 식재료를 유지하면서 얼마나 많은 맛의 변형을 가져올 수 있는가이다. 그것은 나 자신에 대한 실험이기도 하다. 조리방법에 따라 소스에 따라 같은 재료가 얼마나 다양한 맛을 선보일 수 있는가. 그것이 바로 내가 에디스 카페를 통해 보여주고 싶은 것이다.

소중한 경험을 잃고 싶은가

세 가지 코스요리 25분. 최소한의 시간이다. 닭고기 요리는 섭씨 160도에서 25분간 조리하는 것을 기본으로 한다. 사전에 미리 준비를 해놓고 오븐에서 마무리를 하더라도 10분이다. 음식을 조리하는 데는 최소한의 시간이 필요한 법이다.

레스토랑에서 음식을 빨리 달라고 재촉하는 것은 배를 채우기 위해서 음식을 먹는 것이지 셰프의 정성이 들어간 음식을 먹자는 것이 아니다. 빠른 음식을 원하면 패스트푸드를 드시라. 셰프의 1분은 당신을 위해 최고의 요리를 준비하는 시간이다. 그 소중한 경험을 잃고 싶은가.

누가 가장 훌륭한 예술가인가

음악가는 연주를 통해 사람들의 귀를 열어준다.
화가는 영혼을 화폭에 담아 사람들의 눈을 즐겁게 한다.
요리사는 소리로 귀를 열어주고 향으로 코를 자극하며
담음새로 눈을 즐겁게 하고 맛으로 혀를 통치한다.
누가 가장 훌륭한 예술가인가.

Korea
Be Inspired
www.visitkore.o
EDWARD KWON

약속

나와 함께 일하는 셰프 데런과 차드에게 사람들은 묻는다. 그 좋은 미슐랭 레스토랑과 버즈 알 아랍을 두고 왜 한국의 에드워드 권을 따라왔느냐고.

그들은 셰프가 스타가 된다는 것이 얼마나 큰 파급력을 가지는가를 안다. 그들은 이제 갓 걸음마 단계를 벗어난 한국의 요식업계에 보여줄 수 있는 콘셉트가 얼마나 많은지도 알고 있다.

나는 그들에게 약속했다. 우리 팀의 전체 색깔을 보여줄 수 있는 레스토랑을 만들자고. 대중이 고급음식을 즐길 수 있는 문화를 보여주자고. 그리고 지금 우리는 그 목표에 서서히 다가가고 있다.

Infinitely yours.
SEOUL
www.SEOUL.GO.kr
EDWARD KWON
Executive Pastry
Chad Yamaga
Korea
Be Inspired
www.visitkorea.
Infinitely yours.
SEOUL
www.SEOUL.GO
Executive
Darren Va

BASICS

야 채

야채는 모든 음식의 기본이다. 때문에 야채를 어떻게 관리하느냐는 요리사의 기본이자 음식을 만드는 사람의 기본이다. 특히 샐러드처럼 야채를 조리하지 않고 그대로 사용하는 경우, 야채를 어떻게 관리하느냐가 요리의 승패를 좌우한다.

가정에서 샐러드를 만들 경우엔 야채를 개수대 옆에 놔두는 경우가 많다. 하지만 사소한 습관이 요리의 맛과 질을 좌우한다. 씻은 야채를 실온에 놔둔 채 샐러드를 만들면 식감을 제대로 살릴 수 없다.

가장 좋은 방법은 씻어서 물기를 떨어낸 야채를 통에 담은 다음 물을 적셔서 꽉 짜낸 페이퍼 타월을 그 위에 덮어 냉장 보관하는 것이다. 야채가 가능한 한 오랫동안 물기를 머금게 하는 것. 그것이 샐러드의 핵심이다. 모든 식재료는 살아 있다.

육 류

육류는 요리사의 테크닉을 보여주는 식재료다. 『뉴요커 *The New Yorker*』 기자 빌 버포드가 요리 고수들을 찾아가 요리를 배우는 흥미로운 책 『히트 *Heat*』에는 저자가 이탈리아에서 가장 유명한 푸주한인 다리오 체키니를 찾아가 고기에 대해 배우는 이야기가 나온다. 돼지와 소의 부위별 맛과 산지별 차이에 대해서, 각 부위와 어울리는 조리방식과 곁들여지는 재료에 대해서 마치 일상적인 대화를 하듯 묻고 답하고 먹어보는 두 사람의 이야기를 읽다보면 이탈리아 사람들이 몸으로 체득하고 혀로 익힌, 고기에 대한 살아 있는 지식에 감탄하게 된다. 육류는 그렇다. 아무리 질긴 부위라 하더라도 어떻게, 어떤 식재료와 배합하느냐에 따라 맛과 색과 질감이 완전히 달라진다.

가정에서 사는 고기가 일반 레스토랑의 고기보다 훨씬 좋은 것일 수 있다. 그러면 왜 맛의 차이가 나는 걸까. 문제는 테크닉이다. 팬을 달구지 않고 고기를 넣는 것, 시즈닝을 처음부터 하는 것은 좋지 않다. 나는 개인적으로 간은 접시에 담아내기 전에 마지막으로 해서 한두 번 뒤집는 것으로 끝낸다. 또한 굽고 나서 휴지기를 준다. 근육이라는 것은 죽어 있더라도 열에 반응하면 수축한다. 때문에 고온에서 수축한 근육이 정상적으로 자리를 잡을 시간을 줘야 한다.

만약 레스토랑에 가서 스테이크를 시켰는데 잘랐을 때 핏물이 보였다면 조리한 스테이크를 휴지 없이 바로 내왔기 때문이다. 이럴 때는 당당히 잘못을 지적하라. 이때가 바로 손님이 셰프를 테이블로 불러낼 시간이다.

Reblochon
2007

치 즈

나에게 치즈는 초심으로 돌아가게 해주는 식재료다. 미국 생활을 시작하던 초기에 나는 슈퍼마켓에 다니면서 수백여 가지에 이르는 치즈를 매일 한 종류씩 싸서 바게트 빵과 함께 먹어보았다. 치즈가 100종, 1,000종이 있다는 것을 미국에 가서 처음 알았던 나는 보이는 것마다 먹어보고 그 질감과 색깔, 향, 맛을 적어놓았다. 나의 생식훈련의 시작은 치즈와 함께였다. 셰프로서 내가 나태해질 때마다 나는 치즈 한 조각을 입에 넣는다. 그러면 어느새 10년 전 그때로 돌아가 다시 칼을 다잡는 나를 본다.

모든 치즈 요리는 단맛을 끌어내는 부재료와 견과류를 사용해야 제대로 된 맛을 볼 수 있다. 다만 신맛이 나는 마스카포네를 비롯해 자체의 맛이 강한 치즈는 이에 따라 부재료를 바꾼다.

단맛은 주로 과일을 통해 끌어내는데 이때 과일은 신맛이 약한 것이 좋다. 신맛이 치즈의 담백한 맛을 감소시킬 수 있기 때문이다. 신맛이 강한 과일을 사용할 경우에는 팬에 굽거나 시럽과 함께 조리하여 단맛을 끌어내도록 한다.

치즈와 함께 빵을 사용할 경우에는 브리오슈나 건포도 식빵처럼 버터의 함량이 많아 부드럽고 단맛을 내는 것을 사용하는 게 좋다. 크래커와 같이 식감이 강한 재료를 사용할 경우에는 짠맛이 강한 크래커는 피하도록 한다. 짠맛이 강한 크래커를 사용할 경우엔 부재료의 단맛으로 밸런스를 맞춘다.

샐러드는 입안에서 씹히는 식감은 물론 치즈 요리의 영양 밸런스를 맞춰주는 역할을 한다. 견과류는 대부분 사용 가능하지만 땅콩은 피하는 것이 좋다. 땅콩은 식감이 강하여 치즈 맛을 반감시키기 때문이다.

우리가 흔히 접하는 브리 치즈는 송로버섯이나 송이버섯 같은 향이 강한 버섯과도 잘 어울리며 이때는 꿀을 사용하는 것이 더욱 효과적이다. 대형 마트나 백화점에서 구입이 가능한 블루치즈의 경우에는 레드와인에 하루 정도(16시간 이상) 담근 후에 요리해야 치즈 특유의 고약한 향으로 인한 거부감 없이 먹을 수 있다. 이때 블루치즈가 완전히 와인에 잠기도록 해서 와인의 맛과 향을 빨아들일 수 있도록 하는 것이 중요하다.

파 스 타

파스타는 창의적인 식재료 중 하나다. 주재료와 부재료, 어떤 것으로도 사용이 가능하고 스파게티, 펜네, 마카로니, 토르틸리오니 등 면의 굵기와 형태에 따라 다양한 종류가 있어서 요리의 변주가 가능하다. 또한 소스에 따라서 맛과 질감이 완전히 달라진다는 점에서도 파스타는 매력적이다.

파스타를 삶을 경우 잘랐을 때 가운데 흰 대가 보여야 한다. 나는 개인적으로 '알덴테al dente(면을 삶았을 때 안쪽에서 단단함이 살짝 느껴지는 정도)'보다 조금 덜 익힌 것, 즉 익은 것과 그렇지 않은 것이 반반 정도 되는 것을 선호한다. 반 정도 익은 파스타 면을 팬에 깔고 올리브 오일과 소금을 친 뒤 덮어놓으면 파스타는 그 자체의 열기로 익는다. 그러고 나서 메뉴에 따라 부재료와 소스를 넣고 불 위에서 조리된다. 음식의 기본은 시간조절이다. 이 재료가 어떤 과정을 거쳐 조리되는가, 그 과정에서 몇 번의 불을 만나는가를 생각해야만 제대로 된 요리를 할 수 있다.

튀 김

온도에 미세한 변화를 주면서 튀김 요리를 해본 적이 있는가. 튀김은 온도에 따른 변화무쌍함이 가장 돋보이는 요리다. 나는 그 변화무쌍함이 흥미롭다. 그것이 요리를 즐겁게 만든다.

집에서 튀김을 하다보면 내용물과 튀김옷이 분리되는 경우가 생긴다. 이는 온도 차이 때문이다. 냉동된 재료를 해동해서 사용하면 냉동된 상태의 수분이 내용물과 튀김옷을 분리해내는 것이다. 그러므로 냉동된 것은 최소한의 해동만 해서 튀기는 것이 좋다. 냉동되지 않은 재료의 경우, 튀김가루에 물을 넣고 저을 때 얼음을 함께 넣으면 튀김이 훨씬 바삭해진다. 기름과 주재료의 온도 차가 클수록 조직끼리 당기는 힘이 커지기 때문이다.

이탈리아에서 올리브 오일은 신의 음료로 칭송되고 마치 성유聖油처럼 숭배된다. 프랑스에서 와인을 시음하듯 이탈리아에서는 지역마다 오일을 시음하는 다양한 행사도 열린다. 때문에 어떤 오일을 쓰느냐를 결정하는 것은 셰프만이 누리는 특권이자 또 하나의 즐거움이다.

올리브 오일을 사용할 때 무조건 엑스트라 버진 올리브 오일을 고집하지는 않는다. 최상급의 올리브 오일은 조리할 때 사용하는 것보다 바로 섭취하는 것이 훨씬 좋다.

조리를 할 때 사용하는 오일은 일반적인 올리브 오일이든 카놀라유든 해바라기씨유든 상관없다. 다만 견과류에서 나온 오일은 오랫동안 조리하게 되면 산화되어 향을 잃는 경우가 많기 때문에 상대적으로 조리시간을 짧게 해야 한다. 조리의 마지막 단계에 넣고 한 번 섞어준 다음 바로 마무리하는 것이 좋다.

PLANTIN
DELICES
OIL
naturally flavored with
White truffles
Tuber magnatum pico

Vinaigre de Xérès
Sherry vinegar
7%
MAILLE
Grande Cuvée
VINAIGRE DE VIN BLANC
WHITE WINE VINEGAR
250 mL
7% ACIDE ACÉTIQUE
ACETIC ACID
Vinaigre Balsamique de Modène
Balsamic vinegar from Modena

식 초

서양요리에서 식초는 가장 기본적인 소스 중 하나다. 다만 신맛이 강하다고 좋은 식초가 아니다. 어떤 식재료를 만나느냐가 중요하다.

닭고기 요리에는 주로 발사믹이 많이 사용되는데 그냥 발사믹이 아니라 졸인 것이 대부분이다. 열을 가하는 이유는 발사믹이 지닌 산도를 낮추고 단맛을 끌어올리기 위해서다.

가금류는 신맛과 단맛이 적절히 조화를 이뤄야 제맛이 산다. 그러므로 산도와 당도를 잡아줄 수 있는 사과와 같은 과일을 굽거나 볶아 함께 어우러지게 하면 풍미를 끌어올릴 수 있다.

셰리 식초는 발사믹과 색은 같지만 다른 향을 가지고 있다. 또한 산도가 약하기 때문에 일반적인 샐러드를 만들 때 사용하면 좋다. 샤도네이 식초는 향이 강하고 산도도 셰리 식초보다 강한데 실제로 맛을 보면 산도는 약하게 느껴진다. 그렇기 때문에 은근하게 뒤에서 잡아주는 역할을 한다.

'화이트와인은 생선류, 레드와인은 고기류' 와 같은 공식은 무너진 지 오래다. 맛에는 더 이상 장벽이 없다. 어떻게 배합하느냐에 따라 자신만의 공식을 만들 수 있다.

rye bread

호 밀 빵

호밀빵은 맛이 좋고 영양가도 뛰어나 식사대용으로 하기에 가장 적합한 샌드위치 빵이다. 백미보다 현미가 건강식이듯 밀가루빵보다 호밀빵이 건강식으로 선호되고 있다. 맛과 영양이 뛰어나지만 칼로리가 낮다는 점에서 다이어트용으로도 많이 사용된다.

활동성 이스트 4g, 45도 물 475ml, 호밀가루 100g, 설탕 40g
캐러웨이씨 7g, 소금 6g, 다목적 밀가루 440g, 옥수숫가루 3g

스테인리스 용기에 활동성 이스트와 준비한 물의 1/2을 섞어준 뒤 호밀가루를 넣고 부드럽게 섞어 깨끗한 천으로 덮은 다음 4시간 동안 상온에 둔다. 설탕, 캐러웨이씨, 소금, 다목적 밀가루와 남아 있는 물을 부어 10분 정도 부드럽게 혼합한 뒤 다시 천으로 15분간 덮어둔다. 부풀어오른 반죽을 바닥에 놓고 손으로 가볍게 눌러 공기를 뺀 뒤 반죽을 반으로 나눠 또 한 번 15분간 천으로 덮어둔다. 베이킹 팬에 올리브 오일을 바르고 옥수숫가루를 뿌려준 다음 1시간 동안 발효를 시킨다. 부풀어오른 반죽에 사선으로 약간의 칼집을 준 뒤 210도로 예열된 오븐에서 30~35분간 구워낸다.

chiabatta bread

치아바타 브레드

다용도의 샌드위치로 사용 가능하다. 단, 닭고기를 사용할 경우에는 닭고기의 식감을 느낄 수 없기 때문에 다른 빵을 사용하는 것이 좋다.

활동성 이스트[1] 0.5g, 활동성 이스트[2] 2g, 45도 물[1] 30ml, 45도 물[2] 80ml
제빵용 밀가루[1] 135g, 제빵용 밀가루[2] 275g, 물[3] 160ml, 45도 우유 30ml, 올리브 오일 15ml, 소금 9g

활동성 이스트[1] 0.5g과 45도 물[1]을 섞어 5분간 둔 다음, 45도 물[2]와 제빵용 밀가루[1]을 추가로 넣고 다시 5분간 섞어 12~24시간 동안 냉장 보관한다. 용기에 활동성 이스트[2]와 우유를 넣고 5분간 섞은 후 냉장 보관한 반죽과 물[3], 올리브 오일, 제빵용 밀가루[2], 소금을 넣고 8분간 천천히 혼합한 다음 랩을 씌워 실온에서 보관한다. 실온에서 반죽이 두 배로 부풀어오르면 반죽을 반으로 잘라 밀가루를 바른 후 타원형으로 반죽을 빚어 다시 천으로 덮고 실온에 2시간 둔다. 섭씨 220도로 1시간 동안 예열된 오븐에 20분간 노릇하게 구워낸다.

french baguette

프 렌 치　바 게 트

제빵용 밀가루 400g, 활동성 이스트 18g, 소금 7g, 45도 물 500ml

스테인리스 용기에 이스트와 물, 2/3 분량의 제빵용 밀가루와 소금을 넣어 혼합한 다음 3시간 정도 상온에 둔다. 남은 1/3 분량의 밀가루를 넣은 후 10분간 혼합하여 부드러운 반죽을 만든 다음 두 배로 부풀 때까지 천으로 덮어둔다. 반죽을 3등분하여 모양을 만든 뒤 20분간 바게트용 베이킹 팬에 둔다. 마지막으로 분무기를 사용하여 물을 뿌려주고 섭씨 450도로 30분간 예열한 오븐에서 25분간 노릇하게 구워낸다.

hamburger buns

햄 버 거 빵

활동성 이스트 9g, 35도 우유 425ml, 체에 거른 제빵용 밀가루 790g, 소금 14g, 설탕 78g, 계란 1개, 식용유 85ml

스테인리스 용기에 이스트와 우유를 넣고 5분간 잘 섞는다. 이것과 밀가루, 소금, 설탕, 계란, 식용유를 베이커리용 믹서에 넣고 2분간 천천히 반죽한다. 2분 후 속력을 중간단계로 올려 다시 5분간 반죽한 뒤 약간의 식용유를 바른 스테인리스 용기에 옮겨 담아 반죽을 12시간 동안 냉장 보관한다.

오븐에서 굽기 3시간 전에 반죽을 꺼내 각각 60g의 크기로 잘라 베이킹 팬에 햄버거 빵 모양으로 빚어놓은 후, 식용유를 반죽 위에 살짝 바르고 랩으로 씌워서 2~3시간 동안 실온에 두어 부풀어오르게 한다. 180도에서 15분간 예열한 오븐에 반죽을 넣고 팬을 돌려가며 20분간 노릇하게 굽는다.

tip • 계란의 경우 실온에서 사용해야 거품도 잘 나고 고루 익는다.

raisin brioche

건포도 브리오슈

오븐에서 갓 구운 브리오슈의 맛은 언제나 나를 흥분시킨다. 다른 빵에 비해 버터와 달걀이 많이 들어가기 때문에 훨씬 부드럽다는 것이 특징이다.

설탕 4g, 45도 우유[1] 60ml, 활동성 이스트 15g, 다목적 밀가루 100g, 소금 1.2g
설탕 35g, 45도 우유[2] 15ml, 계란 3개, 버터 175g, 건포도 30g

설탕, 따뜻한 우유[1], 이스트를 넣고 10분간 잘 혼합한 다음 밀가루 50g을 넣고 반죽을 만들어 1시간 동안 실온에 둔다. 반죽에 소금, 설탕, 따뜻한 우유[2], 밀가루 50g, 계란을 넣고 잘 섞어준 다음 부드러운 버터를 조금씩 넣으면서 버터와 반죽을 잘 혼합한다. 반죽에 건포도를 넣고 냉장고에서 12시간 동안 보관한 뒤 반죽을 꺼내어 2시간 동안 실온에서 다시 발효시키고 난 다음 200도로 30분간 예열한 오븐에 넣고 20~25분간 구워낸다.

chicken stock
닭 육수

닭뼈 10kg, 물 5l, 올리브 오일 200ml

흐르는 물에 닭뼈를 담가 40분간 핏기를 제거한다. 팬에 올리브 오일을 두르고 닭뼈를 넣은 후 색이 나지 않을 만큼 볶은 다음 물을 붓고 40분간 끓인다. 고운체에 걸러서 사용한다.

roasted garlic oil
갈릭 오일

올리브 오일 100ml, 해바라기씨유 100ml
마늘 10g, 타임 10g, 소금과 후추

팬에 올리브 오일과 해바라기씨유, 마늘과 타임을 넣고 갈색이 날 때까지 약불에서 30분간 천천히 끓인다. 실온에서 식힌 뒤 용기에 담아 냉장 보관한다.

tip • 구운 마늘을 사용하면 4주 정도 보관이 가능하며 더 오래 사용하면 마늘의 향이 사라져 잡냄새가 날 수 있다.

chicken jus
치킨 주스

닭 4마리, 양파 1개, 당근 1개, 대파 1개, 셀러리 70g
마늘 4쪽, 토마토 120g, 레드와인 500ml, 월계수잎 10g
타임 10g, 로즈마리 5g, 흰 통후추 5g, 물 2l
해바라기씨유 200ml, 셰리 식초 5ml, 무염 버터 120g, 소금과 후추

닭은 12등분하여 잘라두고 셀러리와 양파, 대파, 당근은 2 ×
2cm 크기로 잘라서 준비한다. 달구어진 팬에 해바라기씨유를
두르고 잘라둔 닭을 넣은 후 갈색이 날 때까지 골고루 익힌다.
팬에 셰리 식초를 넣고 식초가 완전히 없어질 때까지 졸인 후
에 잘라둔 야채와 토마토, 무염 버터를 넣고 갈색이 날 때까지
조리한다. 손으로 으깬 마늘을 넣고 5분 더 볶은 뒤 레드와인
을 넣고 반으로 졸인 다음 물을 붓고 중불에서 20분간 끓인다.
마지막으로 타임과 로즈마리, 월계수잎, 흰 통후추를 넣고 약
불에서 2시간을 더 끓인 뒤 고운체에 걸러 냉장 보관한다.

tip • 셰리 식초를 사용하는 것은 닭의 잡냄새를 없애기 위함
이며, 이때 식초가 완전히 없어질 때까지 졸이는 것이 중요하
다. 치킨 주스는 냉장 보관하면서 필요할 때마다 팬에서 졸여
소금, 후추로 간을 하여 사용하는 것이 좋다.

clam stock
조개 육수

조개(중간 크기) 30개, 양파 1개, 마늘 1쪽, 셀러리 80g, 대파 50g
올리브 오일 20ml, 화이트와인 50ml, 월계수잎 1개, 흰 통후추 3알, 물 1l

양파는 8조각으로, 셀러리와 대파는 1×1cm로 자른다. 달구
어진 팬에 올리브 오일을 두르고 양파와 셀러리, 대파를 넣고
살짝 볶아준 다음 월계수잎과 흰 통후추를 넣고 마늘을 손바
닥으로 으깨어 넣는다. 다시 조개를 넣고 1분간 끓인 후 화이
트와인과 물을 붓고 바로 뚜껑을 덮어 6분간 끓인다. 고운체에
걸러서 사용한다.

tip • 육수는 식힌 후 기름이나 부유물을 걷어내고 사용한다.

preserved lemon
절인 레몬

레몬 400g, 천일염 150g, 레몬주스 100l, 겨자씨 30g, 통계피 10g
신선한 타임잎 5g, 고수씨 3g, 말린 월계수잎 1개, 소금과 후추

천일염과 겨자씨, 통계피를 레몬주스에 잘 섞어둔다. 레몬 가
장자리의 파란 부분을 제거한 다음 안쪽에 세로 방향으로 1cm
가량 칼집을 준 뒤 잘 문질러서 진공통이나 병에 레몬주스와
함께 넣고 말린 월계수잎과 타임잎을 그 위에 얹어서 4~6주간
저장한 뒤 사용한다.

mushroom bacon sauce
버섯 베이컨 소스

표고버섯 30g, 느타리버섯 30g, 양송이버섯 20g, 생크림 100ml
베이컨 50g, 파슬리 5g, 양파 1/4개, 마늘 1쪽, 버터 30g

양파와 마늘을 다진 뒤 중불로 달구어진 팬에 색이 나지 않도
록 볶다가 베이컨을 0.5×1.0cm로 잘라 넣고 함께 볶는다. 베
이컨의 기름이 배어나오면 얇게 썬 세 가지 버섯을 넣고 함께
볶아주다가 버섯의 숨이 죽으면 생크림을 넣고 반으로 졸인 뒤
소금과 후추로 간을 한 다음 다진 파슬리를 넣고 마무리한다.

tomato jam
토마토 잼

토마토 10개, 마늘 4쪽, 설탕 10g, 클로브 2개, 겨자씨 20g, 통계피 2g
샤도네이 식초 30ml, 올리브 오일 10ml, 물 500ml, 소금과 후추

중불로 달구어진 팬에 올리브 오일을 두르고 다진 마늘과 잘
게 썬 토마토를 넣은 다음 클로브와 겨자씨를 넣고 3분가량 조
리하여 향신료의 향이 우러나도록 한다. 여기에 설탕과 식초,
통계피와 물을 붓고 천천히 약불에서 45분간 끓인다. 이때, 토
마토가 완전히 뭉그러져 윤기가 날 때까지 조리하고, 소금과
후추로 마무리한 다음 클로브와 통계피를 제거하여 냉장 보관
한다.

saffron aioli
사프란 아이올리

양파 1/2개, 마늘 1쪽, 올리브 오일 20ml, 타임 10g, 로즈마리 10g
사프란 10g, 물 100ml, 마요네즈 300g, 소금과 후추

아주 곱게 다진 양파와 마늘 그리고 올리브 오일과 마요네즈
를 잘 섞어준 뒤 끓는 물에 사프란을 넣고 약불에서 10분간 끓
여준다. 스테인리스 용기에 마요네즈 혼합과 사프란 물을 넣
고 잘 섞어서 냉장 보관한다.

tip ● 사프란 아이올리는 생선요리에 잘 어울리는데, 이때 타
라곤을 다져서 섞어주거나 딜을 다져서 함께 사용하면 향을
살려줄 수 있다. 기호에 따라 다진 타임과 로즈마리를 넣어서
풍미를 살릴 수 있다.

ratatouille
라따뚜이

양파 1개, 애호박 1개, 가지 1개, 빨간 피망 1개, 노란 피망 1개, 마늘 2쪽
타임 20g, 올리브 오일 20ml, 토마토 100g, 바질 10g, 소금과 후추

양파, 호박, 가지 그리고 피망을 1.5×1.5cm로 자른 다음 마늘은 얇게 저며 준비한다. 토마토는 상단 부분을 십자 모양으로 칼집을 내고 소금을 넣어 끓는 물에 데친 다음, 얼음물에 담근 채로 껍질을 벗긴다. 50g의 토마토는 1.5×1.5cm로 썰고, 달구어진 팬에 올리브 오일을 두르고 저민 마늘과 두 가지 피망을 넣은 다음 양파와 썰어둔 50g의 토마토, 호박을 넣어 볶는다. 나머지 50g의 토마토를 8등분하여 넣고 천천히 30분간 중불에서 조리한 뒤 소금과 후추로 간을 하고 바질을 넣어 마무리한다.

ricotta cheese
리코타 치즈

우유 4l, 레몬주스 70ml, 샤도네이 식초 70ml, 소금

소스팬에 우유를 붓고 팬의 바닥이 타거나 눌어붙지 않도록 약불에서 천천히 저은 다음 끓기 직전 샤도네이 식초와 레몬주스를 넣으면 단백질의 산화가 시작되면서 우유가 응어리지는 현상이 발생하게 된다. 이때 치즈 클로스를 깔고 천천히 체에 밭쳐 수분을 완전히 제거한 다음 소금으로 간을 하여 냉장 보관한다. 사용기간은 48시간을 초과하지 않는 것이 리코타 치즈의 신선함을 유지하는 방법이다.

tip ● 절대 우유와 식초, 레몬주스의 혼합물이 100도가 되면 안 된다. 이 경우 단백질의 산화 과정이 분리되어 치즈의 맛을 잃어버리게 된다.

gremolata
그레몰라타

절인 레몬 100g, 파슬리 100g, 마늘 1쪽, 올리브 오일 50ml, 소금과 후추

마늘과 절인 레몬(p.69)을 푸드 프로세서에 넣고 갈아준 다음 곱게 다진 파슬리와 올리브 오일을 넣고 마무리한 뒤 소금과 후추로 간을 하여 냉장 보관한다.

tip • 파슬리의 색을 잃지 않는 것이 중요하다. 생선과 가금류 요리, 특히 닭고기 요리에 잘 어울린다. 닭고기 요리의 경우, 겨자와 함께 사용하면 더욱 좋다.

caramelized onions
양파 캐러멜

양파 2개(또는 칵테일 양파 300g), 마늘 4쪽, 올리브 오일 50ml, 타임 10g 로즈마리 10g, 소금과 후추

양파는 얇게 수평 방향으로 썬다. 중불로 달구어진 팬에 올리브 오일을 두르고 으깬 마늘과 타임, 로즈마리, 양파를 넣은 후 강불에서 3분간 볶다가 갈색을 띠면 중불에서 10분간 더 볶아서 사용한다. 요리에 따라 칵테일 양파를 사용해도 무방하다.

tip • 양파 캐러멜은 드레싱, 비네그레트(vinaigrette, 프랑스 요리에서 보편적으로 사용되는 소스)에 사용이 가능하며 모든 육류, 가금류에도 잘 어울린다. 견과류와 함께 사용할 경우 식초를 넣으면 맛과 향이 풍부해진다.

tomato paste

토마토 페이스트

토마토 24개, 올리브 오일 100ml, 물¹ 5l , 물² 4l, 소금 4티스푼, 후추

양 끝에 십자로 칼집을 낸 토마토를 끓는 물1에 넣고 껍질이
살짝 벗겨질 무렵 바로 체로 건져내 얼음물에 2분간 담근 다음
껍질을 제거한다. 토마토를 가로로 잘라 스푼을 사용하여 씨
를 완전히 제거한 뒤 다시 1/4등분으로 잘라 중간 속대를 제거
하여 준다. (즉, 토마토는 8등분이 되는 것이다.) 껍질과 씨는 갈색
육수에 사용해도 무방하다.
큰 팬에 물2를 넣고 토마토를 넣은 다음 소금을 4티스푼 넣고
1시간 동안 뭉근하게 바닥이 타지 않도록 끓인 다음 믹서에 갈
아 고운체에 거른다. 다시 큰 팬에 옮겨 2시간가량 바닥이 눈
지 않도록 뭉근하게 조리한 뒤 올리브 오일을 넣고 식혀 냉장
보관한다.

bacon dressing

베이컨 드레싱

**베이컨 60g, 다진 양파 20g, 적양파 20g, 셰리 식초 30ml
올리브 오일 120ml, 소금과 후추**

중불로 달구어진 팬에 베이컨을 넣고 노릇하게 구운 다음 다
진 양파와 0.5×0.5cm로 자른 적양파를 넣고 볶다가 셰리 식
초와 올리브 오일을 넣고 약불로 2분간 끓여준다. 소금과 후추
로 간을 한 후 보관한다.

basil pesto
바질 페스토

신선한 바질잎 100g, 구운 잣 50g, 다진 마늘 1쪽
올리브 오일 100ml, 소금과 후추

준비된 푸드 프로세서에 바질잎과 올리브 오일을 넣고 천천히
갈아준 다음 다진 마늘과 구운 잣을 넣고 소금과 후추로 간을
한 뒤 냉장 보관하여 사용한다.

tepanade
테파나드

칼라마타 올리브 200, 마늘 40g, 염장 앤초비 20g, 다진 파슬리 50g
레몬주스 20ml, 케이퍼 20g, 올리브 오일 30ml, 검은 후추

푸드 프로세서에 마늘과 염장 앤초비 그리고 케이퍼와 레몬주
스를 넣고 올리브 오일을 천천히 부으며 갈아준다. 내용물이
어느 정도 갈아졌을 때 씨를 제거한 칼라마타 올리브를 넣고
다시 한 번 곱게 갈아준 뒤 다진 파슬리와 후추를 넣고 마무리
한다.

tip • 올리브와 앤초비의 염기로 인해 소금은 사용하지 않는
것을 원칙으로 한다. 생선과 파스타 요리에 사용하면 맛과 향
을 살릴 수 있다. 일반적인 검은 올리브와 그린 올리브를 사용
해도 무방하다.

mayonnaise
마요네즈

해바라기씨유 250ml, 계란 노른자 1개, 샤도네이 식초 35ml
디종 머스터드 10ml, 물 10ml, 소금과 후추

푸드 프로세서에 해바라기씨유를 제외한 모든 식재료를 넣고 1분간 돌려준 다음 천천히 해바라기씨유를 부어 마요네즈의 농도를 맞춘다. 오일을 너무 빨리 붓거나 많은 양을 한꺼번에 넣으면 마요네즈가 분리될 수 있다.

bacon & onion Jam
베이컨 양파 잼

베이컨 40g, 양파 2개, 마늘 5g, 레드와인 100ml, 셰리 식초 20ml
올리브 오일 30ml, 버터 60g, 다진 파슬리 5g, 타임 2대, 소금과 후추

중불로 달구어진 팬에 올리브 오일과 0.3×0.3cm로 자른 베이컨을 볶다가 셰리 식초를 붓고 증발시켜 잡냄새를 잡아준다. 중불로 달구어진 팬에 버터를 두르고 얇게 저민 양파를 넣고 갈색이 나도록 볶다가 캐러멜처럼 되면 레드와인을 붓고 졸인다. 당분으로 인해 끈적끈적한 상태가 되면 소금과 후추, 다진 파슬리와 타임을 넣고 미리 조리해둔 베이컨을 섞은 다음 마무리한다.

olive purée
올리브 퓌레

검은 올리브 100g, 올리브 오일 20ml, 다진 파슬리 10g
마늘 1개, 앤초비 10g, 다진 양파 20g

검은 올리브, 올리브 오일, 다진 파슬리, 마늘, 앤초비, 다진 양
파를 믹서에 넣고 곱게 갈아서 사용한다.

tomato sauce
토마토 소스

신선한 토마토 1kg, 양파 1개, 마늘 2쪽, 토마토 페이스트 150g
화이트와인 100ml, 설탕 60g, 신선한 타임 10g, 신선한 오레가노 10g
올리브 오일 20ml, 소금과 후추

양파는 2×2cm로 자르고 마늘은 으깨어 칼로 다진다. 중불로
달구어진 팬에 올리브 오일을 두르고 5~7분간 양파와 마늘을
넣고 완전히 숨이 죽도록 볶아준 뒤 토마토 페이스트를 넣고
다시 5분간 조리한다. 재료에 화이트와인을 붓고 잘 저어가며
알코올을 없애고 신선한 토마토를 손으로 으깨어 넣어준 뒤
약불에서 1시간 정도 끓인다. 끝으로 타임과 오레가노를 넣고
소금과 후추로 간을 하여 45분간 졸인다. 식힌 뒤, 냉장 보관
하여 사용한다.

tip • 좀더 부드러운 소스를 원한다면 푸드 프로세서에 갈아서
사용해도 좋다.

balsamic reduction
졸인 발사믹

발사믹 식초 500ml, 설탕 50g, 타임 10g, 마늘 10g

모든 식재료를 팬에 넣고 서서히 약불에서 졸여 전체 내용물의
양이 반으로 줄어들면 스푼으로 소량을 떠서 차가운 접시 위에
올려 농도를 확인한다. 이때 농도가 너무 진하면 차가운 물을
넣고, 묽으면 조금만 더 졸여서 사용하면 된다. 뜨거울 때와 식
었을 때의 농도 변화를 감안하여 조리하여야 한다. 고운체에
걸러 냉장 보관하여 사용한다.

caesar dressing
시저 드레싱

마요네즈 200ml, 마늘 10g, 앤초비 10g, 파마산 치즈 20g, 레몬주스 20ml

칼의 끝부분을 사용하여 마늘과 앤초비를 함께 으깨어 믹싱볼
에 담은 다음 레몬주스와 마요네즈, 갈아둔 파마산 치즈를 넣
고 잘 섞는다. 앤초비 특유의 짠맛이 충분하기 때문에 소금을
넣을 필요는 없다. 농도를 묽게 하고 싶을 경우 물로 희석해도
무방하나 물의 양이 많으면 드레싱의 맛을 해칠 우려가 있으
므로 농도를 확인하여 사용한다.

wagyu meat patty
와규 미트 패티

쇠고기 와규 400g, 양파 100g, 마늘 20g, 셀러리 100g, 당근 100g
우스터 소스 100g, 타바스코 소스 10g, 계란 1개, 빵가루 10g, 올리브 오일 20ml

마늘과 셀러리, 당근, 양파를 잘게 다져 각각 따로 준비한다. 중불로 달구어진 팬에 올리브 오일을 두르고 2분간 양파와 마늘을 볶다가 당근과 셀러리를 넣고 다시 3분간 조리한다. 그러고 나서 차게 식혀둔 뒤 믹싱볼에 다진 와규를 넣고 우스터 소스와 타바스코 소스, 계란과 빵가루 그리고 식혀둔 야채를 넣고 간을 한다. 이것을 4등분하여 손으로 쇠고기 패티 모양을 만든 후 냉장 보관한다.

tomato remoulade
토마토 르물라드

토마토 200g, 다진 마늘 20g, 토마토주스 50ml, 올리브 오일 50ml
마요네즈 300g, 다진 파슬리 30g, 소금과 후추

중불로 달구어진 팬에 올리브 오일을 두른 후 다진 마늘을 넣고 색이 나지 않도록 볶는다. 여기에 다진 토마토와 토마토 주스를 넣고 30분간 약불에서 천천히 졸인 뒤 소금과 후추로 마무리한 다음 믹서에 곱게 갈아서 마요네즈와 섞어준다. 소금과 후추 그리고 다진 파슬리를 넣고 마무리한다.

SEASON 1

mache with raw asparagus pistachio, parmesan cheese

어린 아스파라거스 잘 씻어낸 어린 아스파라거스를 필러를 사용하여 벗긴 다음 얼음물에 담근다.

피스타치오 팬에 살짝 구운 피스타치오를 칼로 큼직하게 다진다.

프레젠테이션 스테인리스 용기에 엑스트라 버진 올리브 오일과 셰리 식초를 잘 섞어서 소금과 후추로 간을 하고 잘라둔 아스파라거스와 싹 양상추, 그린비타민을 혼합하여 그릇 혹은 볼에 담은 뒤 사탕무순과 파마산 치즈 세이빙으로 가니쉬한다.

어린 아스파라거스 400g

피스타치오 20g

싹 양상추 100g

그린비타민 100g

사탕무순 50g

파마산 치즈 30g

셰리 식초 5ml

엑스트라 버진 올리브 오일 20ml

소금과 후추

mixed lettuces, roasted cherries
hazlenuts, cheddar beignet
어린 싹 양상추, 오븐에 구운 체리와 헤이즐넛, 체다 치즈 베네

오븐에 구운 체리 체리를 반으로 잘라 씨를 발라낸 다음 작은 베이킹 팬에 올리고 설탕, 소금, 신선한 타임잎을 흩뿌린 뒤 100도의 오븐에서 45분간 조리하여 실온에서 식힌다.

헤이즐넛 중불로 달구어진 팬에 20ml의 엑스트라 버진 올리브 오일을 두르고 헤이즐넛을 넣은 다음 연한 갈색이 나도록 조리한 후 실온에서 식힌다.

tip • 절대 엑스트라 버진 올리브 오일이 끓으면 안 된다. 엑스트라 버진 올리브 오일이 끓게 되면 산화가 발생하여 주재료의 맛을 해친다.

체다 치즈 베네 체다 치즈를 막대 모양으로 자른 후 작은 믹싱볼에 담아 밀가루와 약간의 소금과 후추로 간을 한 뒤 잘 저어둔 계란과 빵가루에 차례로 옷을 입혀 냉동 보관한다.

tip • 계란과 빵가루를 입힌 체다 치즈는 상온에 보관할 경우 튀김옷이 벗겨지기 쉽다. 냉동 보관은 체다 치즈의 형태 유지와 치즈의 녹는 정도를 맞추는 데 유리하다.

프레젠테이션 깨끗이 씻어둔 어린 싹 양상추, 그린비타민, 사탕무순, 신선한 타임잎을 60ml의 엑스트라 버진 올리브 오일과 셰리 식초와 혼합한 뒤 소금과 후추로 간을 해 접시에 담고, 구운 치즈와 헤이즐넛, 체다 치즈 베네도 담는다. 중불로 달구어진 팬에 체리, 설탕, 메이플 시럽을 넣어 뭉근하게 조린 뒤, 고운체에 거른 다음 페인트 브러시를 사용하여 색감을 살린 후 내놓는다.

타스마니아 체리 1kg
체다 치즈 240g
밀가루 30g
계란 2개
빵가루 30g
헤이즐넛 30g
어린 싹 양상추 80g
그린비타민 40g
사탕무순 20g
신선한 타임잎 20g
셰리 식초 20ml
엑스트라 버진 올리브 오일 60ml
메이플 시럽 20ml
설탕 120g
소금과 후추

watercress, candied beets, balsamic glaze
granny smith & walnut dressing

물냉이와 사탕무 캔디, 발사믹 글레이즈와 사과 호두 드레싱

사탕무 큰 팬에 사탕무를 넣고 잠길 정도로 물을 충분하게 부은 뒤 2시간가량 중불에서 익혀준다. 너무 오랫동안 조리를 할 경우, 사탕무가 물러져서 식감이 떨어질 우려가 있으므로 칼끝으로 사탕무를 찔렀을 때 속이 약간은 덜 익은 듯한 느낌이 들면 불을 끄고 사탕무를 꺼내 차가운 얼음물에 담가 식힌다. 사탕무를 끓인 물은 고운체에 걸러 타임 2대를 넣고 물의 양이 1/10이 되도록 졸여 사탕무 주스를 만든다.

사과 호두 드레싱 사과는 껍질을 벗겨 0.5×0.5cm로 잘라 씨를 제거하고 막대 모양으로 자른 뒤 껍질을 제거한 레몬 1개로 만든 주스에 살짝 무쳐서 갈변을 막는다. 스테인리스 용기에 다진 양파와 타임잎, 셰리 식초와 호두 기름을 넣고 잘 혼합한 다음 준비한 사과와 으깬 호두 80g을 넣고 잘 섞어 냉장 보관한다.

프레젠테이션 걸러둔 사탕무 주스에 메이플 시럽을 넣고 익힌 사탕무를 삼각형 모양으로 잘라 윤기가 나도록 마무리하고, 물냉이와 사과 호두 드레싱을 섞어준 다음 접시에 보기 좋게 담아낸 뒤 졸인 발사믹(p.76)으로 장식하여 낸다.

사탕무 500g
호두 80g
물냉이 80g
사과 2개
레몬 1개
신선한 타임 2대
졸인 발사믹 20ml
메이플 시럽 10ml
올리브 오일 20ml
소금과 후추

tomato, oven roasted paprika, feta
mint, extra virgin olive oil
토마토와 오븐에 구운 파프리카, 페타 치즈, 민트 그리고 화이트와인 드레싱

비프 토마토 토마토 끝부분에 5×5mm 크기의 십자 모양 칼집을 준 뒤, 끓는 물에 토마토를 넣어 껍질이 살짝 벗겨질 때 건져내 얼음물에 담가 껍질을 제거한 다음 마른 페이퍼 타월에 올려 물기를 완전히 없앤다.

파프리카 불에 올려 껍질을 태운 다음 믹싱볼에 담아 플라스틱 랩을 씌우고 20분 후 손으로 껍질을 제거한다. 혹은 파프리카를 세로로 4등분한 다음 베이킹 팬에 알루미늄 호일을 깔고 파프리카를 올린 후 올리브 오일을 뿌리고 소금과 후추로 간을 한다. 180도에서 20~25분간 구운 뒤 식으면 껍질을 벗겨 보관한다.

화이트와인 드레싱 스테인리스 용기에 다진 양파와 샤도네이 식초, 엑스트라 버진 올리브 오일을 넣고 잘 혼합한 다음 설탕, 소금, 후추로 간을 한 뒤 냉장 보관한다.

프레젠테이션 데친 비프 토마토를 8등분하여 믹싱볼에 담고 소금과 후추, 올리브 오일을 두른 다음 껍질을 벗긴 체리 토마토와 파프리카, 손으로 큼직하게 자른 페타 치즈를 넣고 화이트와인 드레싱을 뿌려준 뒤 그릇에 담아낸다.

비프 토마토 4개
체리 토마토 12개
빨강 파프리카 1개
노랑 파프리카 1개
양파 1/8개
그리스산 페타 치즈 80g
신선한 민트잎 40g
샤도네이 식초 30ml
엑스트라 버진 올리브 오일 90ml
올리브 오일 20ml
설탕 3g
소금과 후추

fishermans wharf style creamy clam, salt cod
fennel chowder, thyme essence
대구와 펜넬을 넣은 조개 차우더와 타임 에센스

대구 염장으로 말린 대구는 염기를 빼기 위해 4시간가량 우유에 담근 다음 체에 밭쳐 먹기 좋은 모양으로 손으로 잘라둔 뒤 우유는 따로 보관한다.

조개 차우더 기본 육수 중불로 달구어진 팬에 올리브 오일을 두르고 큼직하게 썰어둔 샬롯 혹은 양파와 조개를 넣은 다음 화이트와인을 넣고 잡내를 없앤다. 화이트와인이 완전히 없어질 즈음에 마른 월계수잎과 신선한 타임을 넣은 다음 물을 붓고 소금과 후추로 간을 한 뒤 조개의 껍질이 열릴 때까지 끓여준다. 껍질이 열리면 바로 고운체에 걸러 육수는 냉장 보관하고 조개는 껍질을 제거하여 따로 담아둔다.

조개 차우더 감자는 15×15mm 크기로 잘라 끓는 물에 부드럽게 삶아 둔 다음 차게 식힌다. 걸러진 조개 육수를 소스팬에 부어 다시 끓여준 다음 자르고 남은 감자, 우유, 생크림을 넣고 천천히 뭉근하게 끓인다. 소금과 후추로 간을 한 뒤 믹서에 넣고 곱게 갈아 다시 고운체에 걸러둔다. 중불로 달구어진 팬에 양파를 15×15mm 크기로 잘라 버터를 넣는다. 손으로 으깬 마늘을 넣고 색이 나지 않도록 주의하며 볶아준 뒤 대구를 넣고 한 번 더 볶아준 다음 그릇에 담고 조개를 올린다. 중불로 달구어진 팬에 조개 감자 수프를 넣은 뒤, 걸러놓은 우유를 붓고 한 번 더 끓이면서 농도를 맞춘다. 핸드믹서를 사용하여 다시 섞어준 뒤 그릇에 부어준다.

프레젠테이션 구워둔 치아바타 브레드를 그릇에 올린 뒤 그 위에 조개살을 얹고 얇게 썬 펜넬과 다진 딜에 소금과 후추로 간을 하여 그 위에 올린다. 빨간 피망 오일을 뿌리고 거품을 올려낸다.

조개 500g
염장으로 말린 대구 200g
치아바타 브레드 4개(얇게 썬 것)
감자 400g
마늘 3개
양파 1개
샬롯 1개
빨간 피망 1개
펜넬 1개
신선한 타임 40g
딜 2g
마른 월계수잎 1개
화이트와인 250ml
우유 250ml
생크림 250ml
버터 100g
물 2l
소금과 후추

petit vegetables, tomato broth
smoked pork bacon, broad beans

훈제한 베이컨과 흰콩이 어우러진 토마토 육수 그리고 야채들

토마토 육수 중불로 달군 소스팬에 올리브 오일을 두르고 양파와 마늘을 넣어 색이 나지 않도록 볶은 다음 화이트와인을 넣고 졸인다. 토마토 페이스트(p.72)를 넣고 5분간 조리한 뒤 800ml의 닭 육수(p.66)와 토마토를 다져넣고 토마토 주스를 넣고 45분~1시간가량 뭉근하게 끓인 다음 블렌더에 넣고 곱게 갈아 고운체에 걸러둔 뒤 냉장 보관한다.

콩 마른 흰콩과 대두를 찬물에 24시간 불린 후 차가운 물에 다시 10분간 불린다. 남은 닭 육수와 타임을 넣고 35~45분간 뭉근하게 졸이는데 콩이 완전히 익어 부스러지지 않도록 하는 것이 중요하다. 졸인 콩은 껍질을 분리하여 차게 식힌 후 냉장 보관한다. 불려둔 콩은 차가운 물을 준비하여 다시 10분간 불려준다.

훈제한 베이컨 1×2cm 크기로 얇게 잘라 중불로 달구어진 팬에 오일과 버터를 두르고 타지 않도록 바삭하게 구운 다음 체에 밭쳐 기름을 모아둔다. 체에 남은 베이컨은 마른 페이퍼 타월에 올려 남은 기름기를 제거한다.

야채들 셀러리와 당근은 깨끗이 씻어 1×1cm 크기의 주사위 모양으로 썬다. 걸러둔 기름에 잘라둔 당근, 셀러리와 물을 넣고 조리한 다음 소금과 후추로 간을 한 뒤 보관한다.

프레젠테이션 약간의 물기가 남았을 때 소스팬에 올리브 오일과 걸러둔 베이컨 기름을 두르고 베이컨과 조리한 두 가지의 콩, 신선한 타임을 넣어 섞은 후 그릇에 담는다. 그 위에 셀러리와 당근을 올리고 미리 만들어둔 토마토 육수를 부어 내놓는다.

훈제한 베이컨 200g
흰양파 1개
마늘 3쪽
흰콩 200g
대두 200g
당근 2개
셀러리 2대
신선한 타임잎 40g
토마토 주스 200ml
토마토 페이스트 80g
닭 육수 800ml
화이트와인 200ml
버터 150g
올리브 오일 30ml
소금과 후추

mushroom veloute
red onion pickle, eggplant caviar

버섯 벨루테, 적양파 피클과 가지 캐비어

버섯 벨루테 흰양파의 껍질을 벗겨 작게 썬다. 중불로 달구어진 팬에 100g의 버터를 넣고 녹인 다음 버섯과 양파를 넣고 2개 분량의 다진 마늘을 넣고 볶다가 500ml의 생크림을 넣고 졸인다. 이때 버섯에서 우러나오는 주스가 완전히 졸여진 뒤에 생크림을 부어야 한다. 크림이 졸여져서 끈적거리는 농도가 되었을 때 우유 900ml와 닭 육수(p.66) 200ml를 넣고 소금과 후추로 간을 한 다음, 다시 뭉근하게 끓이다가 블렌더로 곱게 갈아 고운체에 걸러둔다.

가지 캐비어 가지는 올리브 오일, 소금, 후추로 간을 한 다음 팬에 깔고 160도의 오븐에서 15분간 구워준다. 구운 가지는 식혀서 반으로 잘라 스푼을 사용하여 속을 긁어 칼로 다진다. 칼로 다진 가지 속은 중불로 달구어진 팬에 큐민씨와 함께 넣고 살짝 볶아 풍미를 돋운 다음 분쇄기 혹은 칼로 다진다. 달구어진 팬에 올리브 오일과 나머지 100g의 버터를 넣고 다진 양파를 넣어 볶다가 다진 가지 속, 큐민씨를 넣고 조리한 뒤 소금과 후추로 간을 한 다음 마지막으로 파슬리를 넣고 잘 섞어 식힌다.

적양파 피클 적양파를 얇게 잘라 둔 다음 샤도네이 식초와 설탕을 배합한 뒤 물 1l를 섞고 피클링 스파이스를 혼합하고 나서 2시간가량 냉장 보관한다.

프레젠테이션 버섯 벨루테에 100ml의 우유를 섞어 끓인 뒤 핸드믹서로 곱게 갈아 간을 한다. 그릇에 가지 캐비어를 올리고 적양파 피클을 10개 정도 올려준 뒤 벨루테를 붓고, 거품을 올리고, 송로버섯 오일을 뿌려준 다음 마무리한다.

흰양파 1개
다진 마늘 4쪽
계절 버섯 400g
닭육수 200ml
생크림 500ml
적양파 1개
가지 3개
다진 파슬리 40g
설탕 75g
타임 40g
버터 200g
우유 1lt
큐민씨 5g
샤도네이 식초 200ml
송로버섯 오일 10ml
올리브 오일 50ml
물 1l
소금과 후추

rosemary roasted chicken,
caesar salad

로즈마리 향 가득한 닭가슴살 구이와 시저 샐러드 샌드위치

닭가슴살 그릇에 닭가슴살을 넣은 뒤 100ml의 올리브 오일과 다진 로즈마리를 넣고 4시간 동안 마리네이드한다. 4시간 이상 마리네이드하면 로즈마리의 향이 너무 강해져서 닭 고유의 향을 잃어버릴 수 있으므로 주의한다. 중불로 달구어진 팬에 올리브 오일을 두르고 닭가슴살을 팬에서 노릇하게 구워준 뒤 180도로 예열한 오븐에서 12~15분간 조리한다.

베이컨 얇게 펴서 살라맨더나 팬에서 바삭하게 구운 뒤 마른 페이퍼 타월에 밭쳐 기름기를 제거한다.

로메인 양상추 흐르는 찬물에 깨끗이 씻어 잎사귀를 잘라둔다.

프레젠테이션 반으로 잘라둔 치아바타 브레드에 버터를 약간 바른 다음 그릴이나 팬에서 구워 그릇에 담고 그 위에 닭가슴살, 베이컨, 로메인 양상추 순으로 올린다. 시저 드레싱(p.76)과 파마산 치즈를 갈아 올려 마무리한다.

닭가슴살 4조각
베이컨 8조각
치아바타 브레드 1개
로메인 양상추 1개
로즈마리 50g
파마산 치즈 50g
시저 드레싱 200ml
올리브 오일 150ml
소금과 후추

buffallo mozzarella, roasted fig, arugula, cherry tomato

버팔로 모차렐라 치즈와 구운 무화과, 아루굴라, 체리 토마토를 곁들인 샌드위치

토마토 끓는 물에 약간의 소금을 두른 뒤 십자 모양으로 양끝에 칼집을 준 체리 토마토를 넣는다. 껍질이 살짝 벗겨질 때 꺼내어 얼음물에 담근 다음 껍질을 벗기고 마른 페이퍼 타월에 올려 냉장 보관한다.

구운 무화과 무화과를 반으로 자른 다음 중불로 달구어진 팬에 약간의 올리브 오일을 두르고, 잘라진 속 부분은 팬에 올려 갈색이 나도록 조리한다. 꿀을 두르고 소금과 후추로 간을 한 다음 약불에서 다시 2분간 조리한다.

야채 아루굴라와 그린비타민은 흐르는 물에 씻어 준비한 뒤 마른 페이퍼 타월에 올려 남은 물기를 제거한다.

모차렐라 치즈 버팔로 모차렐라 치즈는 칼 혹은 손을 사용하여 먹기 좋게 준비한다.

프레젠테이션 치아바타 브레드를 반으로 잘라 속 부분에 올리브 오일을 뿌리고 팬에 노릇하게 구워 접시 위에 올려준다. 체리 토마토, 모차렐라 치즈와 무화과를 보기 좋게 올려준 뒤 아루굴라와 그린비타민으로 장식한다.

tip • 졸인 발사믹(p.76) 혹은 사과 드레싱을 곁들여도 맛의 조화를 이끌어 낼 수 있다.

비프 토마토 4개
체리 토마토 8개
버팔로 모차렐라 치즈 30g(2개)
치아바타 브레드 4조각
무화과 4개
아루굴라 80g
그린비타민 40g
꿀 20ml
올리브 오일 20ml
흰후추 2알

meat loaf, crispy bacon, iceberg lettuce, heirloom tomato jam

와규 미트 로프와 바삭한 베이컨, 양상추 그리고 토마토 잼

와규 미트 로프와 바삭한 베이컨, 양상추 와규 패티(p.77)는 소금과 후추로 살짝 간을 한 후 팬에 굽고, 치아바타 브레드는 팬에 노릇하게 굽는다. 베이컨은 살라맨더에 구워 얇게 채 썰고, 양상추는 깨끗이 씻어 작은 조각으로 잘라 준비한다.

프레젠테이션 와규 패티 위에 양상추와 베이컨을 올리고 칵테일 양파와 코니션, 파슬리 그리고 토마토 잼(p.69)과 올리브 퓌레(p.75)를 올리고 체리 토마토로 장식한다.

tip • 와규 패티의 경우 손님의 기호도에 따라 굽는 정도를 조절할 수 있다. 미디엄medium 내지 미디엄 웰medium-well 정도가 가장 적당하다. 고기를 갈아 만든 패티를 냉장 저장했을 경우 중간 이상의 익히기가 적당하다.

와규 패티 4개
베이컨 4조각
양상추 1개
치아바타 브레드 1개
코니션 10조각
칵테일 양파 10조각
파슬리 10g
소금과 후추

house roasted chicken, pine nuts raisins, mustard greens, scallions

팬에 구운 닭고기와 잣, 건포도, 빨간 겨자잎과 실파

닭고기 닭은 올리브 오일과 다진 마늘, 타임과 로즈마리를 넣고 마리네이드 하여 냉장고에 2시간가량 보관한 뒤 버터를 발라 165도의 오븐에서 40분간 조리한다. 오븐에서 꺼낸 닭은 머리에서 꼬리 방향으로 세로로 자른 후 다시 4등분을 하여 접시 위에 올린다.

잣 약불로 달군 팬에 잣을 넣고 연한 갈색이 나도록 조리한다.

실파 45도 각도로 어슷썰기를 한 다음 얼음물에 살짝 헹군 뒤 물기를 완전히 제거한다.

프레젠테이션 팬에 구운 닭고기에 준비한 치커리와 구운 잣, 겨자잎, 실파를 곁들이고 졸인 발사믹(p.76)으로 장식한다. 약불로 달군 팬에 다진 양파를 색이 나지 않도록 볶다가 건포도를 넣고 조리한 뒤 셰리 식초를 넣고 디글레이즈(바닥에 눌은 것을 녹여내는 것)하여 닭고기 위에 뿌린다.

닭 2마리(1.5kg)
마늘 6쪽
치커리 80g
겨자잎 80g
건포도 30g
타임 40g
로즈마리 20g
실파 80g
잣 20g
올리브 오일 100ml
졸인 발사믹 20ml
셰리 식초 10ml
소금과 후추

penne pasta, braised pork bacon roasted tomato & aubergine sauce

통삼겹 베이컨과 토마토 가지 소스가 어우러진 펜네 파스타

펜네 파스타 큰 팬에 물을 붓고 올리브 오일과 소금을 넣은 뒤 끓으면 펜네 파스타를 넣고 10분간 삶는다. 면을 꺼내어 알덴테(면을 삶았을 때 안쪽에서 단단함이 살짝 느껴질 정도)보다 약간 덜 익힌 상태에서 체에 밭쳐둔 뒤 팬에 넓게 편 후 약간의 올리브 오일을 뿌리고 실온에서 식힌다.

토마토 가지 소스 중불로 달구어진 팬에 올리브 오일을 두르고 2×2cm 크기로 어슷하게 썬 가지를 마늘과 함께 넣고 볶다가, 큼직하게 썬 토마토와 타임잎을 넣고 3분간 조리한다. 토마토 소스(p.75)와 0.5×2cm의 크기로 자른 통삼겹 베이컨을 넣어준 다음 20분간 뭉근하게 조린 뒤 삶아둔 펜네 파스타를 넣고 소금과 후추, 약간의 올리브 오일을 두른 다음 살짝 섞어 그릇에 담는다.

프레젠테이션 바질잎을 올리고 후추는 팬에 살짝 볶아 매운 향을 없애고 풍미를 올려준 뒤 그릇 주위에 뿌려 장식한다.

tip • 후추의 경우 약불에서 볶아주면 매운 향이 상당 부분 사라지며 독특한 풍미를 느낄 수 있다. 가금류, 육류 요리에 사용하면 좋다.

펜네 파스타 400g
통삼겹 베이컨 100g
토마토 2개
마늘 2쪽
토마토 소스 200ml
가지 1개
신선한 타임잎 20g
신선한 바질잎 20g
올리브 오일 150ml
소금과 후추

pacific seafood chioppino orange scented fennel

해산물 치오피노 스튜와 오렌지 향의 펜넬

육수 만들기 중불로 달구어진 팬에 올리브 오일을 두르고 얇게 썬 샬롯과 마늘 1쪽을 손으로 으깬 뒤 넣고 함께 볶아준다. 홍합과 조개를 넣고 한 번 더 열을 가해준 다음, 화이트와인을 붓고 뚜껑을 덮은 뒤 껍질이 열리면 바로 불에서 내려 체에 거른다.

오렌지 향의 펜넬 오렌지는 껍질을 벗겨 주스로 만든다. 올리브 오일을 두른 팬에 펜넬을 넣어 색이 강하게 나지 않도록 조리한 뒤 오렌지주스를 붓고 타임을 넣고 소금과 후추로 간을 한 다음 약불로 40분간 조리한다. 이때 펜넬은 1cm 두께로 잘라 조리한다. 완성된 펜넬은 체에 걸러 보관하며 주스는 따로 보관한다.

해산물 치오피노 스튜 중불로 달구어진 팬에 올리브 오일을 두르고 손으로 으깬 마늘 2쪽을 넣고 색이 나지 않도록 볶다가 8등분한 비프 토마토와 노란 체리 토마토를 넣고 다시 20초간 볶는다. 준비해둔 홍합과 조개에 체로 걸러둔 육수를 넣고 끓인다. 다진 파슬리와 펜넬, 썰어둔 문어를 넣고 소금과 후추로 간을 한 후, 20초간 불에서 내려 차가운 버터를 넣은 다음 팬을 스토브 위에서 위아래로 흔들며 버터가 천천히 녹아 적절한 농도가 만들어지도록 조리한다. 버터의 단백질이 육수와 혼합되면서 농도가 생기는데 이를 전문용어로 몽테monte라고 한다.

프레젠테이션 그린비타민을 넣고 10초간 다시 조리한 뒤 그릇에 담아 바질로 장식한다.

홍합 250g

조개 150g

문어 150g

비프 토마토 2개

노란 체리 토마토 12개

그린비타민 40g

오렌지 2개

펜넬 1알

마늘 3쪽

얇게 썬 샬롯 2개

신선한 바질잎 20g

파슬리 20g

차가운 버터 75g

화이트와인 400ml

올리브 오일 75ml

소금과 후추

exotic fruit sabayon

과일 사바용

사바용 끓는 물 위에 스테인리스 용기를 올리고 계란 노른자와 설탕 60g, 화이트와인 혹은 오렌지주스를 넣고 빨리 치대어준다. 생크림은 얼음물 위에 올린 스테인리스 용기에 넣고 치대어준다. 만들어진 두 개의 혼합물을 잘 섞는다.

tip•이때 노른자가 익지 않도록 주의해야 한다. 온도가 너무 높으면 불에서 내려 치대다가 다시 불 위로 올려주는 것을 반복해도 무방하다.

과일 바나나, 키위, 파인애플, 딸기 등의 과일을 먹기 좋은 크기로 잘라 준비한다.

프레젠테이션 과일을 그릇에 보기 좋게 담고 만들어둔 사바용을 뿌린 뒤 180도의 오븐 혹은 살라맨더에서 노릇하게 구워 색깔을 내준다. 마지막으로 다진 피스타치오 가루와 남은 설탕을 뿌리고 민트로 장식하여 마무리한다.

계란 노른자 3개
화이트와인 혹은 오렌지 주스 125ml
생크림 60g
바나나 1개
키위 1개
파인애플 1개
딸기 200g
다진 피스타치오 5g
민트 10g
설탕 65g

돌려깎기 잘하는 법을
알고 싶은가

2~3년 칼질한 요리사와 20년 칼질한 요리사의 차이점은 미세한 정교함에 있다. 20년 경력의 요리사가 음식에 대해 훨씬 더 많은 지식을 갖고 있는 것은 결코 아니다. 단지 세월의 흐름이 요리사의 성숙도를 높여준 것이다.

돌려깎기 잘하는 법을 알고 싶은가. 빠른 칼질로 주위를 놀라게 하고 싶은가.

군대를 제대하고 처음으로 주방에서 아르바이트를 하던 때, 어느 날 선배는 감자 세 박스를 주면서 1시간 내로 '돌려깎기' 기술을 이용해서 깎으라는 특명을 내렸다. 손에서 쥐가 내리고 마비된 것처럼 손가락을 펼 수도 없었지만 다섯 시간이 지난 후 마침내 세 박스의 감자를 모두 깎을 수가 있었다. 사과나 배에 비해서 표면이 울퉁불퉁하기 때문에 가장 다루기 어려운 식재료인 감자를 왜 돌려깎기 기술을 사용해서 깎아야 하는지 나는 알 수 없었다. 다 깎아 놓은 감자를 보고 하나도 쓸 수 없다고 윽박지르며 깎아놓은 감자를 모두 쓰레기통에 버리는 선배의 모습도 이해할 수 없었다. 당시에는 후배들 군기 잡기용으로 쓰이는 방법이라고만 생각했다.

그러나 훗날 돌려깎기로 감자를 깎으라는 것은 기술 연마 외에 다른 목적이 있음을 알게 되었다. 사소한 것도 정성을 다해야 한다는 것. 손재주나 잔기술이 아니라 하나를 하더라도 정성을 다하는 마음가짐이 바로 요리사들의 세계에서는 중요하다는 것이었다.

누군가는 나에게 접시에 담는 법을 가르쳐달라고 한다. 누군가는 분자요리 기법을 사용한 요리가 그렇지 않은 요리보다 더 낫다고 주장한다. 나는 요리기법이나 테크닉과 같은 기교가 요리사의 평가기준이 될 수 없다고 생각한다. 이러한 테크닉이 좋은 요리사의 기본이 아니라고 믿는다. 식재료 본연의 맛을 알고, 조리방법에 따른 맛의 변화를 공부하고, 맛의 배합을 연구하는 것이 진정한 요리사로서 성숙해지는 길이다. 기교를 배우지 말고 기본에 충실하라.

SEASON 2

‘lardon’ crispy mesclun chicory
poached egg, crostini
warm bacon dressing

치커리와 포치드한 계란, 라돈이 어우러진 어린 잎 샐러드

라돈(염장 돼지고기나 베이컨의 얇고 긴 조각) 드레싱 중불로 달구어진 팬에 라돈을 넣고 볶다가 라돈의 겉 표면이 바삭해지면 셰리 식초와 얇게 저민 마늘을 넣은 뒤 타임잎을 넣는다. 올리브 오일을 붓고 소금과 후추로 간을 한 다음 마무리한다.

바게트와 치아바타 바게트는 1cm 두께의 원형으로 잘라, 치아바타는 길게 세로로 썰어 그릴에 노릇하게 굽는다.

베이컨 베이컨은 그릴에 노릇하고 바삭하게 구운 다음 페이퍼 타월에 올려 둔다.

포치드한 계란 팬에 넉넉하게 물을 붓고 몰트 식초를 넣은 다음, 국자에 계란을 깨넣고 물이 끓으면 물을 약불로 바꾸면서 천천히 국자를 물속에 담가 계란 겉 표면이 익도록 한다. 노른자가 익지 않도록 주의하면서 약불에서 3분간 조리한 다음 실온에 보관한다.

프레젠테이션 치커리와 어린 잎 샐러드는 차가운 물에 담가 깨끗이 씻은 후 체에 걸러 물기를 완전히 제거하여 그릇에 담는다. 준비된 라돈 드레싱과 베이컨, 치아바타 브레드, 올리브 퓌레를 바른 바게트를 올린 후 마지막으로 포치드한 계란을 올린다. 송로버섯 오일은 먹기 직전에 뿌린다.

라돈 50g
치아바타 브레드 1개
바게트 8조각
베이컨 슬라이스 4개
올리브 퓌레 10g
계란 4개
치커리 150g
타임잎 10g
어린 잎 샐러드 80g
마늘 1쪽
송로버섯 오일 5ml
올리브 오일 80ml
몰트 식초 30ml
셰리 식초 20ml
소금과 후추

mixed greens, baby gems, raisins
caramelized onion vinaigrette

신선한 새순과 건포도, 양파 캐러멜 비네그렛

바게트, 치아바타 바게트는 얇게 썰어 올리브 오일을 뿌려준 다음 오븐에서 노릇하게 굽고, 치아바타도 세로 1.5cm 두께로 썰어 노릇하게 굽는다.

양상추, 그린비타민, 물냉이 양상추 속대는 손으로 잘라 그린비타민, 물냉이와 함께 차가운 물에서 깨끗이 씻어내 체에 밭친 다음 페이퍼 타월에 올려 물기를 완전히 제거한다.

양파 캐러멜 드레싱 중불로 달구어진 팬에 올리브 오일과 샤도네이 식초를 넣고 뭉근하게 끓인 뒤 건포도를 넣고 반 정도 부드러워지면 양파 캐러멜(p.71)을 넣고 소금과 후추로 간을 한다.

프레젠테이션 준비된 그릇에 그린비타민, 양상추, 물냉이를 넣고 양파 캐러멜 드레싱을 잘 섞어 구운 잣과 구운 바게트를 올려준 뒤 송로버섯 오일을 뿌리고 졸인 발사믹(p.76)으로 장식한다.

바게트 3조각
치아바타 브레드 3조각
그린비타민 60g
양상추 속대 300g
물냉이 200g
건포도 30g
잣 30g
양파 캐러멜 80g
올리브 오일 10ml
송로버섯 오일 5ml
샤도네이 식초 5ml
졸인 발사믹 10ml
소금과 후추

forest mushrooms, watercress
grilled onion, preserved lemon
walnut honey dressing

버섯, 물냉이, 그릴에 구운 양파와 절인 레몬, 호두꿀 드레싱

버섯 달구어진 팬에 올리브 오일을 두르고 느타리, 표고, 만가닥, 새송이 버섯을 노릇하게 구운 뒤 타임을 넣고 소금과 후추로 간하여 식힌다.

구운 양파 양파는 가로 방향인 원통 모양으로 4등분하여 그릴에 구운 후 소금과 후추로 간을 해 140도의 오븐에서 25분간 조리하여 식힌다.

호두꿀 드레싱 손으로 으깬 호두에 잘게 썰어 절인 레몬(p.68)과 올리브 오일, 꿀, 셰리 식초를 넣고 잘 혼합하여 드레싱을 만든다.

프레젠테이션 그릇에 구운 양파를 놓고 그 위에 호두 드레싱과 잘 혼합한 구운 버섯을 올린 뒤 물냉이와 그린비타민을 남은 드레싱에 섞어 올린다.

느타리버섯 80g

표고버섯 80g

만가닥버섯 80g

새송이버섯 80g

양파 1개

호두 15g

절인 레몬 15g

물냉이 40g

그린비타민 20g

신선한 타임 5g

꿀 15g

올리브 오일 50ml

셰리 식초 10ml

소금과 후추

heirloom tomatoes, housemade ricotta
chick peas, olives, cucumber
red onion, mint

민트 향이 어우러진 최상급 토마토와 리코타 치즈 그리고 병아리콩 샐러드

병아리콩 차가운 물에 12시간 동안 병아리콩을 담근 뒤 다시 흐르는 물에 5~10분간 담근다. 이때 차가운 물은 2~3번 바꿔주는 것이 좋다. 끓는 물에 약간의 소금과 병아리콩을 넣은 다음 뚜껑을 덮어 25~30분간 조리하여 익힌다. 다 익은 병아리콩은 체에 밭쳐 흐르는 물에 2분간 두었다가 보관한다.

토마토, 오이, 적양파 양 끝에 십자 모양으로 칼집을 준 토마토를 끓는 물에 데치고 얼음물에 2분 동안 담가둔 뒤 손으로 껍질을 벗겨 체에 밭쳐 물기를 최소화한다. 체리 토마토와 노란 체리 토마토는 물에 씻어 반으로 썰거나 그대로 사용한다. 오이는 껍질을 살짝 벗겨 삼각형 모양으로 잘라두고 적양파는 얇게 썰어 얼음물에 1분간 담근 뒤 페이퍼 타월에 올려 물기를 완전히 제거한다.

프레젠테이션 모든 재료를 믹싱볼에 담아 엑스트라 버진 올리브 오일, 소금, 후추로 간을 하여 그릇에 담고 리코타 치즈(p.70)와 민트잎을 올린다.

체리 토마토 200g

노란 체리 토마토 200g

비프 토마토 100g

병아리콩 40g

오이 1개

적양파 1개

리코타 치즈 80g

민트잎 10g

엑스트라 버진 올리브 오일 20ml

소금과 후추

Idaho potato chowder
Canadian bacon, spinach

캐나다산 베이컨과 시금치가 곁들여진 아이다호 감자 차우더

시금치 끓는 물에 올리브 오일을 두르고 살짝 데쳐서 씹히는 식감을 살린다.

감자수프 양파와 마늘은 다지고 감자는 잘게 썬다. 중불로 달구어진 팬에 다진 양파와 마늘을 넣고 조리한 뒤 잘게 썬 감자를 넣고 버터에 볶는다. 이때 버터가 타지 않도록 주의한다. 여기에 닭 육수(p.66)와 우유를 넣고 뭉근하게 끓인 뒤 소금으로 간을 하고 믹서에 곱게 갈아 고운체에 걸러 보관한다.

감자 차우더 양파, 피망, 감자를 2×2cm 크기로 잘라 올리브 오일에 살짝 볶아준 다음 생크림을 붓고 졸인다. 야채가 어느 정도 익으면 미리 준비해둔 감자수프를 붓고 농도를 맞춘다. 농도가 되직하면 남은 우유와 닭 육수를 부어가며 농도를 맞춘다.

바게트 원형으로 잘라 오븐에서 노릇하게 구워 손으로 큼직하게 자른다.

프레젠테이션 그릇에 차우더를 붓고 시금치를 올리고 잘라둔 바게트를 올린 다음 올리브 오일을 뿌린다. 이때 미리 만들어둔 차우더를 핸드믹서에 갈아 부어도 좋다.

양파 1개
아이다호 감자 2개
바게트 4조각
베이컨 8조각
닭 육수 500ml
시금치 40g
마늘 3쪽
빨간 피망 1개
버터 50g
생크림 200ml
우유 200ml
소금과 후추

creamy kabocha squash
toasted sunflower seeds, parsley oil

크리미한 단호박 수프와 구운 해바라기씨 그리고 파슬리 오일

단호박 수프 단호박은 껍질을 벗겨 2×2cm 크기로 썰고 양파와 마늘은 다진다. 중불로 달구어진 팬에 버터를 두르고 양파와 마늘을 볶다가 미리 준비해둔 단호박을 넣고 다시 조리한다. 이때 버터가 타지 않도록 주의한다. 단호박의 겉 표면이 뭉그러질 때 닭 육수(p.66)와 생크림, 우유를 붓고 약불에서 40분간 뭉근하게 끓여 믹서에 갈아 고운체에 걸러둔다.

해바라기씨 해바라기씨는 약불로 달구어진 팬에 살짝 조리하여 밝은 갈색을 띠도록 한다.

파슬리 오일 파슬리는 끓는 물에 데친 후 얼음물에 넣고 식혀 물기를 제거한 다음, 믹서에 넣고 올리브 오일을 부어가며 곱게 갈아 고운체 혹은 소창에 걸러 오일만 사용한다.

프레젠테이션 미리 만들어둔 단호박 수프를 다시 한 번 더 끓여 간을 한 다음 핸드믹서에 갈아 그릇에 붓는다. 구운 치아바타 조각을 올리고 그 위에 우유 거품으로 장식하고 타임잎을 뿌린 뒤 구워둔 해바라기씨를 올린다.

단호박 1개
치아바타 80g(얇게 썬 조각 4개)
양파 1개
마늘 1쪽
해바라기씨 40g
파슬리 10g
타임 10g
닭 육수 750ml
생크림 250ml
우유 150ml
올리브 오일 10ml
버터 125g

ratatouille, fried eggs
bacon & onion jam
iceberg lettuce

라따뚜이, 프라이드 에그, 베이컨 양파 잼, 양상추 샌드위치

브라운 브레드 그릴에 구운 뒤, 베이컨 양파 잼(p.74)을 발라준 다음, 칼라마타 올리브와 라따뚜이(p.70)를 올린다.

프라이드 에그 팬에 식용유를 두르고 프라이하여 올린다. 이때 계란노른자는 익지 않도록 조리해야 샌드위치의 풍미를 살리고 소스의 역할도 할 수 있다.

프레젠테이션 마지막으로 양상추를 잘라 올리고 브라운 브레드를 덮는다.

브라운 브레드 4조각
라따뚜이 200g
계란 4개
베이컨 양파 잼 100g
칼라마타 올리브 50g
양상추 1개
식용유 30ml
소금과 후추

wagyu meat loaf, tomato jam
burger bun, crispy onion, lettuce

와규 버거와 바삭하게 튀긴 양파 그리고 토마토 잼

튀긴 양파 양파를 0.7cm 크기의 원형으로 잘라 밀가루, 계란, 빵가루 순으로 묻혀준 뒤 180도의 기름에 바삭하게 튀긴다. 튀긴 양파는 페이퍼 타월에 올려 기름기를 제거한다.

양상추와 토마토 양상추는 1cm 크기로 자른다. 토마토는 0.7cm 크기로 자른다.

마요네즈와 홀 그레인 겨자 마요네즈(p.74)와 홀 그레인 겨자는 잘 혼합해둔다.

와규 패티 그릴에 구운 다음 기호에 맞게 조리한다.

프레젠테이션 그릴에 구운 햄버거 빵에 홀 그레인 겨자와 마요네즈 섞은 것을 바르고 양상추, 토마토, 구운 와규 패티, 튀긴 양파 순서로 올린다. 마지막으로 그 위에 토마토 잼(p.69)을 바르고 햄버거 빵을 올린다.

tip ● 와규 버거에 감자튀김을 함께 해도 좋으나 전체적인 칼로리가 높아질 수 있기 때문에 가급적이면 샐러드를 권한다. 샐러드 드레싱의 경우 식초와 포도씨유를 배합하여 사용한다.

와규 패티 400g
햄버거 빵 4개
밀가루 100g
빵가루 100g
계란 4개
양파 2개
비프 토마토 2개
양상추 1개
홀 그레인 겨자 50g
마요네즈 100ml
토마토 잼 100g
튀김용 기름 700ml
소금과 후추

crispy chicken cutlet, cheddar oven dried tomatoes, jalapeno arugula purée

바삭한 치킨 커틀릿과 체다 치즈, 오븐에 구운 체리 토마토와 할라페뇨

치킨 커틀릿 닭가슴살은 껍질을 벗겨 준비한다. 닭가슴살에 타임, 로즈마리의 절반을 넣고 올리브 오일과 버무려 팬에 담아 2시간가량 마리네이드한다. 절인 닭가슴살은 밀가루, 계란, 빵가루 순으로 묻혀서 180도로 가열된 튀김기에 넣고 노릇하게 구워 180도로 예열된 오븐에서 5분간 마무리 조리를 한다.

오븐에 구운 체리 토마토 체리 토마토는 반으로 잘라 올리브 오일과 타임을 뿌려 100도로 예열한 오븐에서 45분간 말린다.

아루굴라 겨자 퓌레 아루굴라를 깨끗한 물에 씻은 후 믹서에 갈아준 다음 홀 그레인 겨자와 함께 잘 섞어준뒤 소금과 후추로 간을 한다.

호밀빵 그릴에 구워 노릇하게 색을 낸 다음 마요네즈(p.74)와 홀 그레인 겨자를 발라 준비한다.

프레젠테이션 튀긴 닭가슴살 위에 체다 치즈를 올리고 180도로 예열된 오븐에서 2분간 더 조리하여 치즈가 녹아내리면 호밀빵 위에 올린다. 그린비타민은 차가운 물에 깨끗이 씻어서 물기를 제거한 다음 올리브 오일, 소금, 후추로 간을 해 올린다. 할라페뇨 피클과 차이브, 다진 빨간 피망을 잘 섞어서 올려주고 졸인 발사믹(p.76)으로 마무리한뒤, 칵테일 양파, 블랙 올리브는 반으로 잘라 가니쉬로 사용한다.

닭가슴살 4개
호밀빵 4조각
밀가루 200g
빵가루 200g
계란 4개
체리 토마토 100g
아루굴라 겨자 퓌레 20g
잘게 썬 체다 치즈 4개
빨간 피망 30g
차이브 10g
할라페뇨 피클 100g
로즈마리 20g
타임 10g
그린비타민 25g
마요네즈 20g
홀 그레인 겨자 30g
올리브 오일 10ml
졸인 발사믹 20ml
소금과 후추

house roasted young chicken
pumkpin & raisin sauce, baby greens
wilted lettuce

구운 닭고기와 단호박, 건포도 소스 그리고 새순과 볶은 양상추

구운 닭고기 닭은 머리에서 꼬리 방향으로 세로로 길게 자른 후 올리브 오일, 로즈마리, 타임을 넣고 2시간 동안 마리네이드한다. 중불로 달구어진 팬에 50g의 버터를 넣고 마리네이드한 닭을 올려 노릇하게 색을 내준 다음 180도로 예열된 오븐에서 18분간 조리한다.

tip • 닭뼈 사이의 피가 사라지지 않는 경우가 있기 때문에, 관절 부위에는 약간의 칼집을 주는 것도 좋다.

단호박과 건포도 소스 닭이 마리네이드 되는 동안, 호박을 1×1cm 크기로 썰어 끓는 물에 소금을 넣고 삶는다. 중불로 달구어진 팬에 버터를 두르고 삶아둔 호박을 넣고 조리하다가 소금과 후추로 간을 한 뒤, 건포도와 치킨 주스 (p.67)를 넣고 다진 파슬리로 마무리한다.

tip • 호박을 삶을 때는 겉 표면이 뭉그러지지 않도록 주의하고, 키친 타월로 물기를 완전히 제거한다.

새순과 볶은 양상추 양상추와 새순, 그린비타민은 차가운 물에 씻어서 체에 밭쳐 물기를 제거한다. 양상추는 중불로 달구어진 팬에 약간의 올리브 오일을 둘러 볶는다.

프레젠테이션 볶은 양상추는 그릇 가장자리에 담고 구워진 닭은 4등분하여 올린다. 그 위에 단호박과 건포도 소스를 뿌리고 그린비타민과 새순을 올린 뒤 졸인 발사믹(p.76)으로 장식하여 내놓는다.

영계 2개
단호박 200g
양상추 속대 4개
치킨 주스 200ml
건포도 80g
로즈마리 80g
타임 80g
다진 파슬리 80g
그린비타민 40g
새순 20g
버터 100g
올리브 오일 200ml
졸인 발사믹 40ml
소금과 후추

fusilli, spinach, smoked chicken
chilli flakes, tomato stew

훈제 닭고기와 시금치, 칠리 플레이크가 들어간 푸실리 파스타

푸실리 파스타 끓는 물에 올리브 오일과 소금을 넣어 푸실리 파스타를 7분간 삶은 뒤 넓은 팬에 올리고 실온에서 식힌다.

훈제 닭고기 훈제한 닭을 손으로 먹기 좋은 크기로 찢어서 준비한다. 중불로 달구어진 팬에 올리브 오일을 두르고 다진 양파와 저민 마늘을 넣어 색이 나지 않도록 조리하다가 칠리 플레이크를 넣고 볶는다.

tip • 마늘이 타버릴 경우, 쓴맛이 강해지므로 불 조절에 주의해야 한다.

프레젠테이션 훈제한 닭고기 찢은 것, 푸실리 파스타, 시금치를 넣고 소금과 후추로 간을 한 뒤 미리 만들어서 데워둔 토마토 소스(p.75)를 넣고 2분간 끓여서 그릇에 담는다. 마지막으로 파마산 치즈를 갈아서 올린다.

tip • 시금치를 그릇에 담기 직전에 팬에 넣고 조리하여 빠른 시간 안에 마무리하면 더욱 아삭한 시금치의 맛을 즐길 수 있다.

훈제한 닭고기 1개
푸실리 파스타 400g
양파 1개
칠리 플레이크 5g
마늘 1쪽
파마산 치즈 30g
시금치 40g
토마토 소스 500ml
올리브 오일 40ml
소금과 후추

seafood cacciucco stew
with lemon parsley gremolata

해산물 카치우코와 레몬 파슬리 그레몰라타

해산물 카치우코 중불로 달구어진 팬에 다진 양파와 얇게 저민 마늘을 넣고 올리브 오일과 함께 볶다가 홍합과 조개를 넣고 화이트와인을 부은 뒤 홍합과 조개의 입이 열리면 바로 체리 토마토, 토마토, 토마토 소스(p.75)를 넣는다. 그다음 새우, 문어, 한치 순으로 넣고 조리한다.

tip • 새우, 문어 그리고 한치는 오래 조리할 경우 질겨질 수 있으므로 주의해야 한다.

프레젠테이션 타임을 넣고 소금과 후추로 간을 한 다음 음식을 내놓기 전에 바질을 넣는다. 마지막으로 그레몰라타(p.71)와 칠리 플레이크를 뿌린다.

홍합 80g

조개 80g

새우 180g

문어 180g

한치 180g

체리 토마토 80g

토마토 2개

양파 30g

그레몰라타 20g

칠리 플레이크 2g

타임 10g

마늘 40g

바질 20g

토마토 소스 200ml

화이트와인 50ml

올리브 오일 20ml

소금과 후추

crispy pork schnitzel with harley farm mushrooms, creamy smoked bacon roasted red delicious

돼지 등심 스니츨과 버섯 그리고 베이컨 크림소스와 사과

돼지 등심 스니츨 돼지 등심을 80g씩 잘라 랩을 바닥에 깔고 그 위에 올린 다음 다시 그 위에 랩을 깔고 두들겨서 0.8cm의 두께가 될 때까지 펴준다. 소금과 후추로 간을 한 뒤 밀가루, 계란, 빵가루 순으로 묻혀 180도의 기름에 노릇하게 튀긴다.

구운 사과 사과는 세로로 8등분하여 중간 속대를 제거한다. 중불로 달구어진 팬에 사과를 넣고 1분간 노릇하게 양면을 굽는다. 셰리 식초를 두른 뒤 식초가 날아가면 버터와 타임, 다진 파슬리, 설탕을 넣고 2분간 약불에서 더 조리한 뒤 소금과 후추로 간을 한다.

베이컨 크림소스 중불로 달구어진 팬에 다진 양파와 마늘을 넣고 색이 나지 않도록 볶다가 베이컨을 넣고 다시 조리한 뒤 크림을 붓는다. 크림의 양이 반이 될 때까지 졸인 다음, 강불로 달구어진 팬에 올리브 오일을 두르고 버섯을 넣은 후 색이 나도록 빠른 시간 안에 조리한다.

버섯 버섯은 새송이, 만가닥, 느타리, 표고 상관없이 사용 가능한 것을 달구어진 팬에 올리브 오일을 두르고 강불에서 2분간 조리하여 갈색이 나도록 볶아준다.

프레젠테이션 그릇에 튀긴 스니츨을 올리고 다진 할라페뇨를 뿌린 다음 조리한 버섯을 올린다. 그 위에 베이컨 크림소스를 뿌리고 새순과 그린비타민, 적양파, 쳐빌, 양파, 사과를 가니쉬로 올린 뒤 졸인 발사믹(p.76)으로 마무리한다.

tip • 셰리 식초를 사용하는 이유는 식초의 산도가 과일의 신맛을 상대적으로 감소시키고 단맛을 상승시키기 때문이다.

돼지 등심 320g
베이컨 4조각
사과 2개
계란 3개
밀가루 100g
빵가루 100g
버섯 200g
버터 20g
파슬리 20g
그린비타민 20g
혼합 새순 10g
적양파 20g
양파 20g
타임 20g
쳐빌 20g
마늘 2쪽
생크림 500ml
올리브 오일 100ml
졸인 발사믹 40ml
셰리 식초 20ml
할라페뇨 30g
설탕 20g
소금과 후추

chocolate truffle filling sandwich

초콜릿 트러플 샌드위치

초콜릿 약불에서 생크림과 꿀을 넣고 함께 끓인 다음, 초콜릿을 넣고 천천히 녹여준다. 녹인 초콜릿 배합을 식힌 다음 버터를 넣고 섞은 뒤 베이킹 팬에 랩을 깔고 그 위에 초콜릿을 붓고 다시 랩을 씌워서 냉동 보관한다.

식빵 팬에 갈색이 되도록 노릇하게 굽고 미리 냉동시킨 초콜릿을 꺼내어 빵 위에 바른 뒤 크기에 맞춰 자른다. 같은 방식으로 3개의 샌드위치를 더 만들어서 사선으로 잘라 삼각형으로 만든다.

레몬껍질 조림 중불로 달구어진 팬에 설탕을 넣고 색이 나지 않도록 천천히 녹인 다음 코냑을 붓는다. 알코올 성분이 증발하면 레몬 껍질을 넣고 물을 부어서 시럽을 만들어준 뒤 30분간 조리하여 고운체에 거른다.

프레젠테이션 만들어진 샌드위치를 베이킹 팬에 올리고 160도의 오븐에서 2분간 구워서 필링으로 채운 초콜릿이 녹아내릴 때 오븐에서 꺼낸다. 슈가 파우더를 뿌리고 설탕에 조린 레몬 껍질과 민트를 뿌린 후, 딸기를 썰어서 장식하여 담아낸다.

초콜릿 270g
식빵 8장
레몬껍질 30g
딸기 200g
민트 10g
생크림 250g
꿀 20g
버터 50g
코냑 10ml
물 300ml
슈가 파우더 5g
설탕 80g

귤 껍질을 벗긴 뒤 가로로 반을 잘라 준비한다. 끓는 물에 메이플 시럽과 스파이스들을 넣고 15분간 끓인 뒤 잘라둔 귤을 넣고 약불에서 5분간 조리한 다음 체에 걸러 시럽은 두고 귤은 실온에서 보관한다.

샹틀리 크림 스테인리스 용기에 얼음을 넣은 후 약간의 소금을 뿌린다. 여기에 생크림을 넣고 빠른 속도로 되직하게 치대어 크림 형태로 만들어준 다음, 계피가루와 꿀을 넣고 잘 섞어 냉장고에 보관한다.

크로클린 큼직하게 손으로 잘라둔 호두를 오븐에서 살짝 굽는다. 끓는 물에 설탕을 넣고 되직한 시럽을 만든 후, 여기에 호두를 넣고 시럽이 완전히 호두에 코팅될 때까지 천천히 조리한다. 코팅이 끝나면 시럽을 거르고 호두를 올려준 뒤 차갑게 식혀서 밀폐용기에 보관한다.

프레젠테이션 준비된 그릇에 귤을 올리고 귤 시럽을 따스하게 부어준 뒤 샹틀리 크림을 올리고 다진 크로클린을 뿌린다. 기호에 따라 민트와 시리얼을 함께 뿌려도 좋다.

귤 10개
호두 30g
계피 2개
오향 6개
정향 6개
계핏가루 4g
민트 5g
물 1000ml
생크림 200g
꿀 20g
메이플 시럽 370g
설탕 20g

요리사는 자신의 요리를 설명할 수 있어야 한다

요리는 상상력으로 시작되어 손맛으로 완성된다. 상상력의 토대는 각 재료의 맛, 향, 성질에 대한 철저한 이해다.

나는 손님이 "이 음식은 무엇입니까?"라고 물었을 때 자신 있게 설명할 수 있는 요리사가 되고 싶다. 어째서 이 시간에, 이 식재료로, 이 조리방법으로, 이 소스와 함께 음식을 내놓게 되었는지를 손님에게 논리적으로 설명할 수 있는 요리사가 되고 싶다.

커피에 젤라틴을 섞어서 파스타의 일종인 카넬로니를 만들고, 거위 간에 귤소스, 초콜릿 퓌레와 사과샐러드를 만들었다고 하자. 커피는 거위간의 진한 맛과 향을 절제할 수 있는 아주 좋은 식재료다. 귤은 신맛이 강해 거위간의 느끼함을 잡아주며 초콜릿 퓌레는 단맛과 쓴맛의 적절한 조화로 음식의 균형을 이룬다. 사과샐러드는 식후 상큼함과 다음 코스에 대한 준비를 마련해준다.

요리사는 왜 자신이 이러한 식재료로 이러한 음식을 만드는 것인지 정확히 이해하고 있어야 한다. 단지 향이 좋으니까 그 식재료를 사용하고, 단지 그렇게 배웠으니까 만드는 요리는 현대요리의 맥락을 이해하는 요리사의 작품이 아니다.

사실 요리사가 자신이 만들어내고자 하는 맛에 대해 정확히 알고 있다면 식재료가 항상 고급일 필요도 없다. 쉽게 구할 수 있는 토마토를 얇게 썰어 카르파초를 만들어 새순과 오일, 식초를 사용하여 에피타이저로 내놓을 수 있고, 흔히 냉장고에 굴러다니는 당근 1개와 생강 1/6개로 멋진 벨루테를 완성할 수도 있다. 아버지가 사들고 온 신맛 강한 과일을 잘라 팬에 황설탕과 버터로 익힌 뒤 바닐라 아이스크림 한 스푼을 얹으면 환상적인 디저트가 탄생할 수 있다.

지나치게 향이 강한 재료나 기름지거나 비려 그 자체로 먹을 수 없는 식재료를 적절한 조리과정을 거쳐 서로 보완하고 강조하며 호흡을 맞춰 최고의 맛을 끌어내는 것. 재료의 변형을 통해 새로운 맛을 끌어내는 것. 이것이 요리사가 끊임없이 새로운 요리를 상상할 수 있게 하는 원동력이자 요리사의 존재이유다. 그러므로 재료를 '제대로' 이해해야 한다. 그리고 수많은 식재료를 제대로 이해하는 순간부터 요리사는 비로소 자유로워진다.

SEASON 3

tuna niçoise salad

참치 니수아 샐러드

참치 1cm 크기로 길게 잘라 달구어진 팬에 약간의 올리브 오일을 두르고 미디엄 레어 정도로 겉 표면만 노릇하게 구운 뒤 냉장 보관한다.

메추리알 끓는 물에 소금을 넣고 메추리알을 2분 20초 동안 삶은 뒤 차가운 얼음물에 넣어 식히고 껍질을 벗겨 냉장 보관한다.

그린빈스 끓는 물에 소금을 넣고 삶은 후 얼음물에 식힌다. 이때 그린빈스가 너무 아삭하지도 뭉그러지지도 않도록 주의해야 한다.

감자 껍질을 벗겨 1×1cm 크기로 잘라 끓는 물에 삶는다. 이때도 마찬가지로 조리가 많이 되어 모서리 부분이 뭉그러지지 않도록 유의해야 한다.

빨간 체리 토마토와 노란 체리 토마토 꼭지 부분에 십자 모양으로 칼집을 내어 끓는 물에 살짝 데친 후 얼음물에 식힌다. 페이퍼 타월에서 물기를 완전히 제거한다.

프레젠테이션 참치를 감자와 같은 크기로 잘라 바둑판 형태로 올려준 다음 체리 토마토와 반으로 자른 메추리알, 그린빈스를 올리고 반으로 자른 칼라마타 올리브를 올린 뒤 엑스트라 버진 올리브 오일과 셰리 식초를 잘 혼합하여 소금과 후추로 간을 해 뿌린다. 마지막으로 새순으로 장식하여 내놓는다.

참치 400g
메추리알 8개
그린빈스 40g
칼라마타 올리브 40g
감자 2개
빨간 체리 토마토 80g
노란 체리 토마토 80g
새순 20g
엑스트라 버진 올리브 오일 80ml
셰리 식초 10ml
소금과 후추

premium norwegian salmon 'gravlax'
low fat yoghurt, fresh dill, crispy capers
onions, watercress

그라브락스와 저지방 요거트, 바삭한 양파와 케이퍼, 물냉이

그라브락스(절인 연어) 설탕, 레몬 껍질, 라임 껍질, 고수씨를 소금과 함께 섞어서 연어 위에 넉넉하게 올려준 다음 랩으로 싸서 냉장고에서 8~10시간 동안 보관한다. 냉동 보관한 연어를 꺼내 차가운 물에 씻고 페이퍼 타월로 완전히 물기를 제거한 다음 페인트 브러시를 사용하여 디종 머스터드를 바른다. 다진 딜을 그 위에 뿌려 다시 2시간 동안 냉장고에 보관한다.

양파와 케이퍼 양파는 얇게 썰어 밀가루를 묻혀서 180도의 온도에서 바삭하게 튀겨낸다. 케이퍼도 튀겨서 바삭하게 만들어준다.

요거트 저지방 요거트를 사용한다.

프레젠테이션 그라브락스를 냉장고에서 꺼내어 0.5mm의 두께로 썰어 그릇에 가지런히 담고 물냉이, 튀긴 양파와 케이퍼, 저지방 요거트를 올린다.

tip • 레몬 혹은 라임을 1cm 크기로 잘라 팬에서 구워준 다음, 설탕과 타임을 올리고 140도의 오븐에서 10분간 조리하여 가니쉬로 사용해도 좋다.

연어 300g
레몬 50g
라임 50g
고수씨 20g
양파 1개
케이퍼 40g
딜 100g
물냉이 60g
밀가루 5g
저지방 요거트 80ml
디종 머스터드 30g
설탕 100g
소금 100g

beef steak & plum tomato
buffalo mozzarella, cucumber
red onion, olive oil dressing, basil

토마토와 모차렐라, 오이와 적양파 샐러드와 바질

토마토 체리 토마토는 꼭지 부분에 십자 모양으로 칼집을 내고 끓는 물에 살짝 데친다. 껍질이 조금 벗겨질 즈음 얼음물에 담가 10분간 둔 뒤 손으로 껍질을 벗겨 페이퍼 타월로 물기를 완전히 제거한다.

치아바타 치아바타는 세로로 길게 썰어 기름에 튀겨낸다.

오이와 적양파 샐러드 오이는 껍질을 벗기고 삼각형으로 잘라 둔 뒤 믹싱볼에 담고 적양파는 얇게 채를 썬 다음 넣어준다.

프레젠테이션 토마토, 엑스트라 버진 올리브 오일, 모차렐라 치즈를 넣고 소금과 후추로 간을 한 다음 구운 잣과 신선한 바질잎을 올린다. 튀겨낸 치아바타와, 구운 잣, 민트잎과 바질잎을 올린다.

체리 토마토 200g
치아바타 30g
오이 1개
적양파 1개
잣 20g
민트잎 10g
바질잎 100g
엑스트라 버진 올리브 오일 20ml
모차렐라 80g
튀김용 기름 200ml
소금과 후추

tangerine veloute
with butter poached shrimp

버터에 익힌 새우와 감귤 벨루테

버터에 익힌 새우 닭 육수(p.66)와 레몬 1개에서 나온 주스, 버터를 넣고 약불로 데워준 다음 핸드믹서로 혼합한 물에 새우를 미디엄으로 데친다.

감귤 벨루테 감귤은 껍질을 벗겨 보관한다. 중불로 달구어진 팬에 80g의 버터를 두르고 다진 샬롯, 마늘 그리고 감자를 넣고 조리한다. 여기에 감귤을 넣고 다시 조리한 뒤 생크림을 붓고 뭉근하게 끓인다. 끓여낸 귤을 믹서에 곱게 갈아 고운체에 걸러서 보관한다.

크루통 팬에 올리브 오일을 두른 후 0.7×3cm 크기로 자른 식빵을 넣고 노릇하게 색깔을 낸다.

옥수수 중불로 달군 팬에 버터 20g과 옥수수 50g을 넣고 볶는다.

프레젠테이션 감귤 벨루테를 핸드믹서로 갈아준 다음 소금과 후추로 간을 한 뒤 그릇에 담고 버터에 익힌 새우와 크루통, 옥수수를 올리고 실파를 길게 사선으로 썰어 장식한다.

새우 12개
감귤 8개
샬롯 3개
감자 1개
식빵 4조각
옥수수 50g
레몬 1개
으깬 마늘 15g
실파 10g
버터 100g
닭 육수 600ml
생크림 250ml
올리브 오일 10ml
소금과 후추

New England chowder with corn kernel cockles, bay scallop, spring onion

옥수수와 조개, 관자가 어우러진 뉴잉글랜드 차우더

차우더 베이스 중불로 달구어진 팬에 감자, 양파, 다진 마늘, 조개 육수(p.67)를 넣고 뭉근하게 40분간 끓여준 다음 생크림과 우유를 넣고 믹서에 갈아서 고운체에 거른다.

양파와 감자와 실파 양파와 감자는 1×1cm 크기로 썬다. 감자는 끓는 물에 2/3 정도 익히고, 실파는 3cm 크기로 자른다. 중불로 달구어진 팬에 올리브 오일을 두르고 얇게 저민 마늘을 볶다가 잘라둔 양파와 익혀둔 감자, 실파를 넣고 조리한 뒤 옥수수를 넣고 야채 육수를 뭉근하게 끓여준다.

tip● 이때 주의할 점은 야채 육수가 내용물보다 적어야 하며 끓이면서 감자를 완전히 익혀야 한다.

조개와 관자 야채 육수 끓인 것에 조리한 조개와 관자를 넣은 뒤 관자가 익을 때까지 끓인다.

tip● 이때 관자는 중불로 달구어진 팬에 버터를 두르고 양면을 노릇하게 구운 뒤 넣으면 풍미를 살리고 차우더의 색감을 좋게 해준다.

프레젠테이션 준비된 그릇에 감자와 양파, 실파, 조개, 관자를 올리고 걸러둔 차우더 베이스를 끓여 소금과 후추로 간을 한 다음 그린비타민으로 장식하여 바게트와 함께 내놓는다.

감자 1개
양파 1개
옥수수 250g
관자 16개
조개 16개
조개 육수 500ml
바게트 2조각
마늘 3쪽
실파 2개
생크림 250ml
우유 200ml
버터 120g
올리브 오일 30ml
소금과 후추

pan roasted sage chicken
walnut pumpkin jam, cos lettuce
truffle honey cream

세이지 향이 어우러진 닭가슴살과 호두와 호박잼 그리고 송로버섯 꿀 크림

세이지 향이 어우러진 닭가슴살 다진 세이지와 소금과 후추로 간을 한 닭가슴살을 2시간 동안 냉장 보관한 후, 세이지 향이 배면 닭가슴살을 냉장고에서 빼내 중불로 달구어진 팬에 올리브 오일을 두르고 노릇하게 색깔을 내어 굽는다. 그다음 180도의 오븐에서 14분간 조리한다.

tip • 이때 오븐에 따라 온도가 달라질 수 있기에 12분 정도 됐을 때 체크하여 필요시 더 조리하는 것을 원칙으로 한다.

호두 중불로 달구어진 팬에 호두 기름을 두르고 손으로 으깬 호두를 살짝 볶아 밝은 갈색이 나도록 조리하여 둔다.

단호박잼 호박은 껍질을 벗기고 씨를 제거하여 8등분으로 잘라 올리브 오일을 뿌리고 소금과 후추로 간을 한 뒤, 160도로 예열된 오븐에서 40분간 굽는다. 중불로 달구어진 팬에 설탕과 식초를 넣고 설탕이 녹을 때 오븐에서 조리한 호박을 넣고 으깨어가며 조리한다.

송로버섯 꿀 크림 송로버섯 오일과 마요네즈(p.74)를 혼합한 뒤 꿀을 섞는다.

프레젠테이션 호밀빵을 그릴에 구워준 다음 바질 페스토(p.73)를 바르고 구운 닭가슴살을 4등분하여 올린다. 그 위에 단호박잼을 바르고 구워둔 호두를 뿌린다. 마지막으로 아루굴라로 장식하고 송로버섯 꿀 크림을 올린 뒤 졸인 발사믹(p.76)으로 마무리한다.

tip • 가금류의 육즙을 살리는 여러가지 방법 중 진공포장 조리의 경우, 닭가슴살 150g을 사용하여 75도의 물에서 15분간 조리한 뒤 차게 식혀서 보관한다. 그리고 2차 조리시 냉장에서 꺼내어 달구어진 팬에서 노릇하게 색을 낸 다음 180도의 오븐에서 2분간 조리한다.

닭가슴살 4개 120g
단호박 1개
호밀빵 4조각
호두 20g
세이지 30g
바질 페스토 40g
아루굴라 80g
꿀 20g
마요네즈 80g
호두 기름 10ml
송로버섯 오일 10ml
올리브 오일 180ml
식초 120ml
설탕 80g
졸인 발사믹 20ml
소금과 후추

dungeness crab cake
tomato remoulade
watercress, burger bun, cajun fries
게살 케이크와 토마토 르물라드 그리고 케이준 프라이스

게살 케이크 끓는 물에 껍질을 벗긴 감자를 4등분한 다음 삶아 완전히 푹 익을 때까지 조리한 뒤 포크를 사용하여 완전히 으깬다. 양파, 딜, 코리앤더, 카엔 페퍼, 큐민 파우더를 넣은 게살을 소금과 후추로 간을 한 뒤 잘 섞어준다. 여기에 옥수수를 넣고 10×10×2cm의 크기로 원형의 패티를 만들어준 다음 밀가루를 약간 묻혀서 냉장고에 30분간 보관한다. 식혀둔 게살 케이크는 계란, 빵가루 순으로 묻혀 180도의 기름에서 5~6분간 노릇하게 튀긴다. 페이퍼 타월로 표면의 기름기를 완전히 제거한다.

르물라드 게살 케이크를 식히는 동안, 다진 앤초비와 케이퍼 그리고 마요네즈 (p.74)와 레몬주스를 넣고 믹싱볼에서 잘 혼합하여 르물라드를 만들어둔다.

케이준 프라이 감자를 8등분 한 다음 끓는 물에 중간 정도 익힌 뒤 접시에 담아내기 직전에 180도의 기름에 튀긴다. 케이준 스파이스와 소금, 후추로 간을 한다.

프레젠테이션 햄버거 빵에 버터를 발라 그릴에서 구어낸 후 빵의 양면에 르물라드를 바르고 그 위에 토마토, 게살 케이크를 올린다. 빵을 덮은 다음 그릇에 보기 좋게 담고 케이준 프라이를 옆에 담은 뒤 아루굴라 잎으로 장식한다.

감자 800g
게살 400g
옥수수 100g
양파 1개
햄버거 빵 4개
빵가루 300g
밀가루 150g
계란 4개
딜 60g
아루굴라 80g
다진 파슬리 4티스푼
앤초비 2티스푼
케이퍼 2티스푼
코리앤더 60g
카엔 페퍼 1티스푼
케이준 스파이스 1티스푼
큐민 파우더 2티스푼
레몬주스 5ml
마요네즈 8테이블스푼
소금과 후추

warm winter vegetable stew
bacon chutney, iceberg lettuce

야채 스튜와 베이컨 처트니, 양상추

베이컨 처트니 중불로 달구어진 팬에 버터를 두르고 타지 않게 녹인 다음, 얇게 저민 양파와 베이컨을 넣고 5~6분간 조리한다. 코리앤더 파우더를 넣고 다시 5분간 조리한 뒤 타임과 설탕을 넣은 후 강불에서 3분간 캐러멜로 만든 다음 물을 붓고 45분간 천천히 저온에서 뭉근하게 조리한다.

tip• 불 조절 정도에 따라 시간이 단축될 수도 있으므로 처트니 형태의 끈적 끈적한 형체가 만들어지면 시간에 관계없이 마무리해도 무방하다.

프레젠테이션 브라운 그레인 빵을 그릴에 굽고 그 위에 데워둔 라따뚜이, 양상추, 베이컨 처트니, 아루굴라 순으로 올린 뒤 졸인 발사믹(p.76)을 뿌린다.

양파 2개
베이컨 400g
브라운 그레인 빵 4조각
라따뚜이 200g
아루굴라 80g
양상추 1개
타임 30g
씨와 속대를 제거한 빨간 고추 4개
물 800ml
버터 100g
코리앤더 파우더 30g
샤도네이 식초 75ml
졸인 발사믹 20ml
설탕 120g
소금과 후추

house roasted poussin, caramelized chipollini onions, apple, smoked bacon dressing, miniature greens

구운 영계와 캐러멜라이즈한 치폴리니 양파 그리고 사과 베이컨 드레싱

구운 영계 영계를 머리에서 꼬리 쪽으로 반으로 자른 다음 100ml의 올리브 오일, 소금, 후추, 타임, 로즈마리를 넣고 마리네이드하여 냉장고에서 2시간 가량 재워둔다. 중불로 달구어진 팬에 약간의 올리브 오일을 두르고 마리네이드한 영계를 올린다. 50g의 버터를 스푼으로 떠서 그 위에 흩뿌려준 다음 180도로 예열된 오븐에서 15분간 익힌다.

캐러멜라이즈한 치폴리니 양파 중불로 달구어진 팬에 버터를 두르고 껍질을 벗긴 치폴리니 양파를 노릇하게 구워주다가 셰리 식초 10ml와 설탕, 포트 와인을 넣고 조린다. 속까지 완전히 익을 정도로 조리한 다음 다진 파슬리를 넣고 마무리한다.

사과 베이컨 드레싱 중불로 달구어진 팬에 50ml의 올리브 오일을 넣고 베이컨을 1×2cm 크기로 잘라 볶다가 사과를 넣고 셰리 식초 20ml를 붓는다. 사과가 반 정도 익을 무렵 100ml의 올리브 오일을 붓고 불에서 내려서 소금과 후추, 다진 파슬리를 넣고 간을 해 마무리한다.

프레젠테이션 구운 영계는 다릿살과 허벅지살을 분리하여 그릇에 보기 좋게 담고 그 위에 캐러멜라이즈한 치폴리니 양파와 사과 베이컨 드레싱을 뿌려 마무리한다.

영계 4마리
치폴리니 양파 150g
사과 4개
베이컨 200g
로즈마리 30g
타임 30g
다진 파슬리 30g
버터 100g
포트 와인 100ml
올리브 오일 260ml
셰리 식초 30ml
설탕 20g
소금과 후추

rigatoni pasta with spicy sausage
mixed paprika piperade

매콤한 소시지를 곁들인 리가토니 파스타와 피망 피퍼라드

리가토니 파스타 끓는 물에 올리브 오일과 소금을 넣어 간을 한 다음, 리가토니 파스타를 10분간 알덴테로 삶는다. 체에 밭친 다음 약간의 올리브 오일을 두른 후 실온에서 보관한다.

구운 피망 올리브 오일과 소금, 후추로 간을 한 피망을 베이킹 팬에 놓고 180도로 예열된 오븐에서 15~18분간 부드럽게 익을 때까지 굽는다. 구워진 피망은 용기에 담아 랩을 씌워서 10분간 둔 다음 흐르는 물에 씻어 껍질을 벗겨낸다.

tip • 오븐에 따라 조리상태가 다를 수 있으므로 12분 후부터 체크한다.

매콤한 소시지 소시지는 삼각형 모양으로 썰고 구운 피망은 얇게 채 썰어 준비한다. 중불로 달구어진 팬에 올리브 오일을 두르고 얇게 저민 양파와 채 썬 피망을 넣고 볶는다. 중불로 달구어진 팬에 20ml의 올리브 오일을 넣고 연한 갈색이 나도록 소시지를 볶다가 만들어둔 토마토 소스(p.75)를 넣고 뭉근하게 끓인다. 여기에 리가토니 파스타를 넣고 3분간 다시 조리하면 면이 소스를 충분히 흡수할 수 있다.

프레젠테이션 불에서 내리기 직전에 다듬어둔 시금치를 넣고 마무리한 뒤 그릇에 보기 좋게 담는다. 구운 피망을 올린 후 아이올리(p.69)로 장식하여 마무리한다.

리가토니 파스타 400g
소시지 200g
양파 1개
파란 피망 2개
노란 피망 2개
빨간 피망 2개
시금치 100g
아이올리 10ml
토마토 소스 500ml
올리브 오일 170ml
소금과 후추

spicy seafood navarin
with olive tepanade
해산물 나바린과 올리브 테파나드

해산물 나바린 새우와 쭈꾸미, 한치는 먹기 좋은 크기로 잘라 준비하고 조개와 홍합은 차가운 소금물에 깨끗이 씻는다. 중불로 달구어진 팬에 약간의 올리브 오일을 두르고 믹싱볼에 담아놓은 화이트와인과 조개, 홍합을 부은 뒤 바로 뚜껑을 덮는다.

tip • 와인은 열을 가해도 풍미가 살아 있기 때문에 와인을 넣으면 와인 향이 강한 육수를 얻을 수 있다. 2~3분 후 뚜껑을 열고 조개와 홍합이 열리면 체로 육수를 걸러둔다.

올리브 데파나드 중불로 달구어진 큰 팬에 올리브 오일을 두른 뒤 얇게 저민 마늘과 칠리 플레이크를 넣고 2~3분간 볶는다. 여기에 다진 토마토와 토마토 페이스트(p.72)를 넣고 5분간 조리한 후 홍합과 조개를 넣고 육수를 부어 농도를 맞춘다. 사프란을 넣고 소금과 후추로 간을 한 다음 마지막으로 다듬어둔 해산물을 넣고 마무리한다.

프레젠테이션 해산물 나바린을 그릇에 담은 후 반으로 잘라 올리브 오일을 두르고 160도에서 20분간 조리한 마늘을 올린 뒤 그 위에 올리브 테파나드(p.73)를 올리고 그릴에 구운 바게트와 함께 내놓는다.

쭈꾸미 200g
홍합 100g
조개 100g
새우 200g
한치 100g
토마토 800g
샬롯이나 양파 2개
바게트 1개
칠리 플레이크 1티스푼
마늘 2쪽
타임 30g
사프란 1g
올리브 테파나드 40g
토마토 페이스트 2티스푼
화이트와인 500ml
올리브 오일 30ml
소금과 후추

apple crumble

사과 크럼블

사과 사과는 껍질과 속대를 제거한 후 1×1cm 크기로 썬다. 중불로 달구어
진 팬에 설탕[1]을 넣고 캐러멜 형태로 만들다가 버터[1]와 사과를 넣고 사과가
부드러워질 때까지 조리한 뒤 팬에서 꺼내 식한다.

크럼블 다진 아몬드, 빵가루, 버터[2]를 잘 섞어준 다음 사과 정도의 크기로 만
들어서 팬에 올려서 말린다. 180도의 오븐에서 10분간 노릇하게 구워서 준비
한다.

레몬 사워크림 사워크림과 설탕[2]를 잘 섞어준 다음 레몬껍질을 넣고 마무리
한다.

프레젠테이션 준비된 그릇에 캐러멜라이즈한 사과를 올리고 그 위에 스트로
이젤과 슈가 파우더를 뿌린 뒤 레몬 사워크림과 레몬껍질 조림, 민트로 장식
한다.

사과 5개
다진 아몬드 90g
빵가루 125g
레몬껍질 1개
레몬껍질 조림
민트 5g
버터[1] 30g
버터[2] 125g
사워크림 100g
슈가 파우더 20g
설탕[1] 125g
설탕[2] 100g

raisin brioche, lemon cream fraiche
dry fruit compote

건포도 브리오슈, 레몬 크림 프레시, 과일 콩포트

레몬 크림 프레시 생크림, 설탕[1] 30g, 레몬 껍질, 레몬주스를 혼합하여 섞고 냉장 보관한다.

과일 콩포트 250ml의 물에 말린 과일을 1시간 동안 담근 다음 걸러낸다. 750ml의 물에 오렌지주스와 설탕[2], 과일, 통계피와 오향을 넣고 40분간 뭉근하게 끓인 뒤 통계피와 오향을 빼내고 용기에 담아 냉장 보관한다.

건포도 브리오슈 브리오슈를 삼각형으로 잘라 슈가 파우더를 뿌리고 살라맨더에서 갈색이 나도록 구워준다.

프레젠테이션 그릇에 레몬 크림 프레시를 올리고 건포도 브리오슈를 꽂아준 뒤 만들어둔 과일 콩포트를 올리고 슈가 파우더와 민트로 장식한다.

레몬 1개
말린 과일 120g
건포도 브리오슈 8조각
통계피 1개
오향 2개
생크림 200g
물 1l
레몬주스 1l
오렌지주스 60ml
슈가 파우더 5g
설탕[1] 30g
설탕[2] 60g

당신만의 접시를 그려라

여기 빈 접시가 있다.
요리사의 무한한 가능성이자, 손님의 만족스런 화답을 의미하는 빈 접시가 있다.

초보 요리사 시절, 나는 아무것도 담기지 않은 접시를 보며 나만의 레시피를 만들었다 지우곤 했다.
내가 만든 요리가 담긴 모양새를 상상하는 것만으로도 행복했다.

접시는 당신의 정성과 영혼을 담아내는 거울이다. 당신은 그 거울을 얼마나 소중히 하는가.

이제 시작이다. 당신만의 빈 접시를 채워라.
당신은 세계 최고가 될 수 있다.

EDWARD KWON
Korea
Be Inspired
visitkorea
Executive Chef
Darren Vaughan
D.V
Executive Pastry
Chad Yamagata

EDWARD KWON
eddy's cafe

EDWARD KWON

에드워드 권 에디스 카페

ⓒ 에드워드 권 2010

1판 1쇄　2010년 7월 21일
1판 3쇄　2010년 8월 20일

지은이　에드워드 권
펴낸이　김정순
기획　김소영
책임편집　김소영 한아름
사진　이과용
디자인　김리영
마케팅　한승일 임정진 박정우

펴낸곳　(주)북하우스 퍼블리셔스
출판등록　1997년 9월 23일 제406-2003-055호
주소　서울특별시 마포구 서교동 395-4번지 선진빌딩 6층
전자우편　editor@bookhouse.co.kr
홈페이지　www.bookhouse.co.kr
전화번호　02-3144-3123
팩스　02-3144-3121

ISBN　978-89-5605-468-1　13590

이 도서의 국립중앙도서관 출판도서목록(CIP)은 e-CIP 홈페이지
(http://www.nl.go.kr/cip.php)에서 이용하실 수 있습니다. (CIP 제어번호 : CIP2010002503)